はじめに

ドローンという言葉が一般的になったのは、2013年12月にAmazon.comがドローンを使った配送のデモンストレーション・ビデオを発表したときでした。小さな模型ヘリコプターのような無人航空機が注文した商品を自宅の玄関先に届ける映像は衝撃的でした。

ドローンはそもそも第二次世界大戦中に標的用無人航空機（ターゲット・ドローン）として開発され、その後も軍用の無人航空機を指すことが多くありました。現在のような小型無人航空機がドローンとして認知されだしたのは、2010年にフランスで発売されたAR Droneという複数のプロペラで飛行するマルチコプター型ホビー機あたりからで、その後、中国のDJI社のドローンが空撮用小型無人航空機として世界中に普及しました。マルチコプターが愛好家用のラジコン模型機の枠を飛び出し、一般の人に受け入れられたのは、電動駆動用のバッテリー、ジャイロや加速度計などのセンサ、WiFiなどの通信機器など、主要なコンポーネントがスマートフォンと共用でき、安価で、しかも簡単に飛ばすことができるためでした。

2014年にドローンに関係する組織や人のコミュニティーとして私どもは一般社団法人日本UAS産業振興会（略称JUIDA）を設立しました。UASは無人航空機システムを意味します。当時は、ドローンに関する基本的な法律もなく、安全に利用するための自主的なガイドライン作りから活動を始めました。こうした動きは、2015年4月に首相官邸屋上でのドローン落下事件で、状況が一変しました。その年に、航空法が改正されドローンを利用する基本的な規則が定まり、安全上認められる範囲を超えた飛行には申請して許可を得ることが必要になりました。

ドローン利用の規制が強められたとはいえ、「空の産業革命」ドローンには大きな経済波及効果が期待されています。安倍首相は、2015年11月に、「早ければ3年以内に小型無人機（ドローン）を使った荷物配送を可能にする」と発言し、規制だけではなくその活用にも政府が取り組むことを明言し、事実、翌12月には「小型無人機に係る環境整備に向けた官民協議会」が設置され、議論が定期的に行われています。JUIDAでは、ドローンの操縦法、基礎知識、安全管理手法を学ぶJUIDA認定スクール制度を発足させ、技能と知識を備えた人材養成を開始しています。

本書では、ドローンの基礎的な項目を、その歴史から始め、一般的な飛行の原理やドローン固有の技術と操作法といった技術的内容、日本のそして世界的なルール作り、活用方法など、ドローンを取り巻く話題を網羅しました。ドローンは、従来の航空技術、電気電子技術、通信技術を安価で簡単に利用できる小型無人航空機というかたちで融合した空飛ぶロボットです。この飛行ロボットをどのように利用すればよいのか、災害現場での空撮や物資輸送、大規模な建造物の点検のような公共的な利用は、私たちが安全で安心な生活を送るために、映画や番組でのダイナミックな空撮は私たちの生活を活気あるものに、物流や通信での利用は新たな産業振興のために推進されるでしょう。こうしたものは受け身の利益にすぎません。大空の下でドローンを飛ばせば、鳥のように空を飛びたいという太古からの人類の夢をいとも簡単に叶えてくれます。こうした体験は、皆さんの人生観を変える、ドローンの最大の利用法かもしれません。新たな技術である無人航空機ドローンをトコトン知るために本書を利用いただきたいと思います。

2016年10月

鈴木真二　JUIDA理事長

目次 CONTENTS

第1章 ドローンとは何か

第2章 ドローンの仕組み

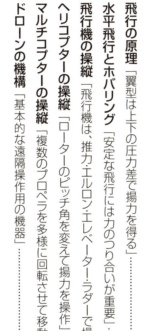

第3章 ドローンの要素技術

第4章 ドローンの飛ばし方

第5章 安全に飛ばすには

第6章
ドローンの利用方法

【コラム】

【付録】

Column

ドローンレース

　極限のスピードと操縦技術を競うイベントは国際的に自動車ではF1レース、航空機ではレッドブル・エアレースが人気を博していますが、ドローンの世界でもドローンレースが盛んに行われるようになりました。

　2年ほど前にフランスでゴーグルをつけ、ドローンのカメラからの映像を見ながらあたかも自分がドローンに乗ってコックピットで操縦するような気分を楽しめるFPV（First Person View）という操縦方法で、飛行技を競うゲームが発祥といわれていますが、2015年にドバイでは、世界で初めてのドローン技術世界大賞を募集し、トップ賞に100万ドルの賞金を授与して世界の注目を集めました。2016年3月には世界最大の賞金総額100万ドルのドローンレース、World Drone Prixを開催してドローンレースにおいても世界の先鞭をつけて話題になりました。世界26カ国150チームが参加し、日本からも3チームが出場しましたが優勝者はイギリスの15歳の少年で25万ドルを獲得しました。

　レース用ドローンは、通常のドローンのスピードの2倍以上の時速100㎞を超える機体など特別な性能のものが販売されており、専門メーカもあります。レース場は、屋内外にいろいろな障害物や、変化のあるコースを作り、昼間だけではなく夜間の飛行などを行い飛行時間を競う場合がほとんどです。ちなみにWorld Drone Prixの最終決戦は夜間飛行でした。

　日本国内でも2015年から各地で盛んに行われるようになっており、今後世界でますます盛んになるドローンの人気イベントです。なおFPVでは通常のドローン操縦に使う微弱電波では不十分なため、アマチュア無線に使用するより強力な電波を使用するため、アマチュア無線局の免許取得が必要となります（詳しくは（財）日本無線協会、http://www.nichimu.or.jp/）。

屋内でのドローンレース会場
ゲートやポールが設けられている

第1章

ドローンとは何か

1 ドローンの種類

マルチコプターが多く普及

ドローンは無人航空機であり、広い意味では航空機の一種です。航空機は日本では航空法により、「人が乗って航空の用に供することができる飛行機、回転翼航空機、滑空機および飛行船その他政令で定める航空の用に供することができる機器」とされ、いわゆる無人機は航空機に含まれなかったが、2015年12月からの改正航空法の施行により、無人航空機は、「航空の用に供することができる飛行機、回転翼航空機、滑空機、飛行船その他政令で定める機器であって構造上人が乗ることができないもののうち、遠隔操作又は自動操縦（プログラムにより自動的に操縦を行うことをいう）により飛行させることができるもの」と新たに規定され、その飛行ルールも定められました。

航空機は日本の法規では、空気よりも軽い軽飛行機、すなわち飛行船と、空気よりも重い重飛行機に分類されます。重飛行機は回転翼航空機（ヘリコプターなど）と、固定翼航空機に分類され、固定翼航空機は滑空機と飛行機に分類されます。無人航空機（ドローン）も同様に、遠隔操作、または自動操縦が可能な、飛行船、回転翼機、滑空機、飛行機に分類されています。現状普及している小型無人航空機は4つ以上のプロペラを利用したマルチコプターで、回転翼無人機に分類されます。4枚プロペラのマルチコプターはクアッドコプターと呼ばれ、機体構造によってX型とH型に分類されます。プロペラが増えた場合、ヘキサコプター（6枚プロペラ）、オクトコプター（8枚プロペラ）と呼ばれることがあります。

ヘリコプターに関しても、メインローターとテールローターを持つものは「シングルローター式」と呼ばれます。2枚のローターを用いた「タンデムローター式」には、同軸反転式、タンデムローター式、交差双ローター式などがあります。無人ヘリコプターとしては、シングルローター式と同軸反転式が普及しています。

要点BOX
- ●ドローンは無人航空機の総称
- ●航空機は、空気より重いか軽いかで大分類している

日本の航空法による航空機の分類

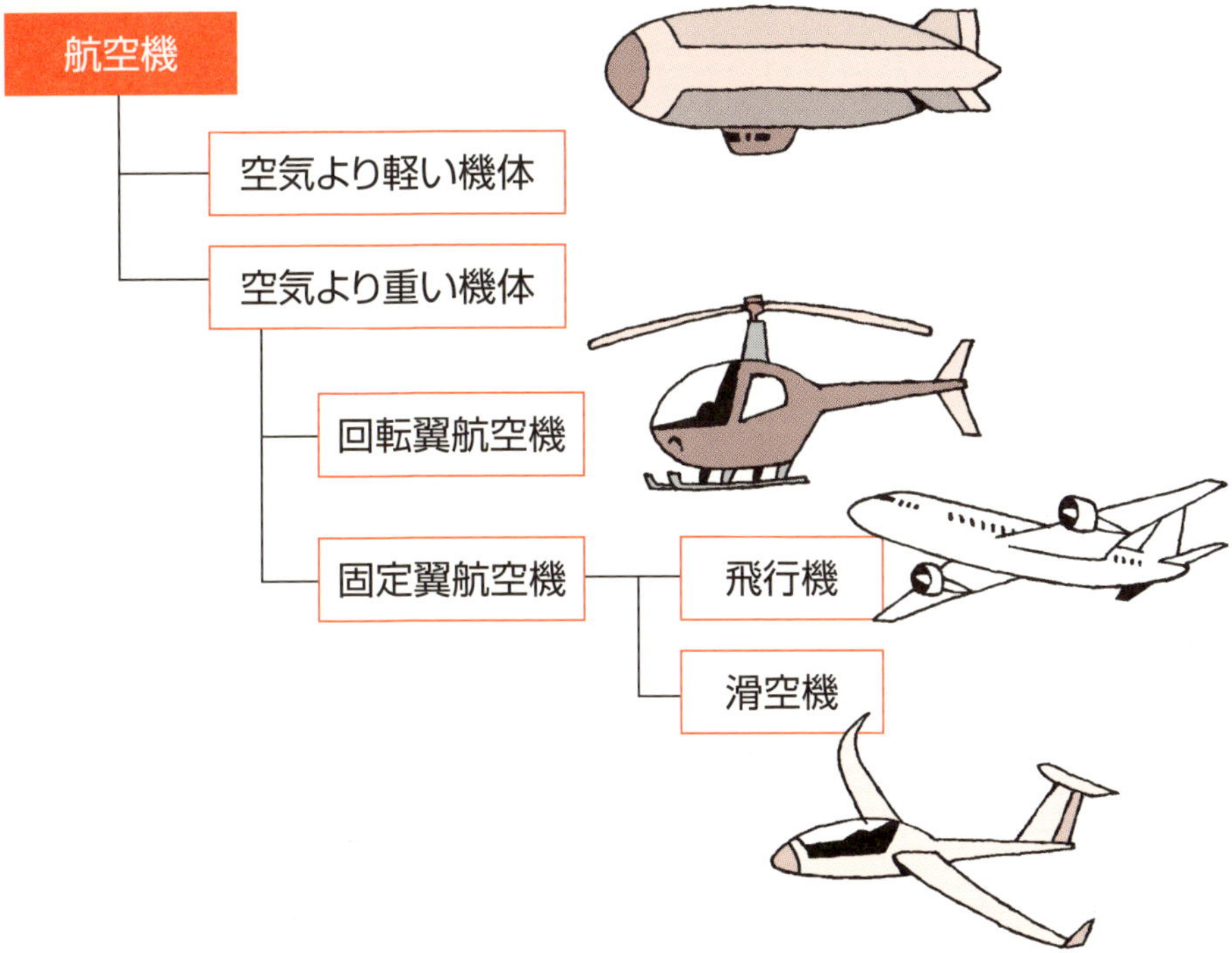

ドローンの種類

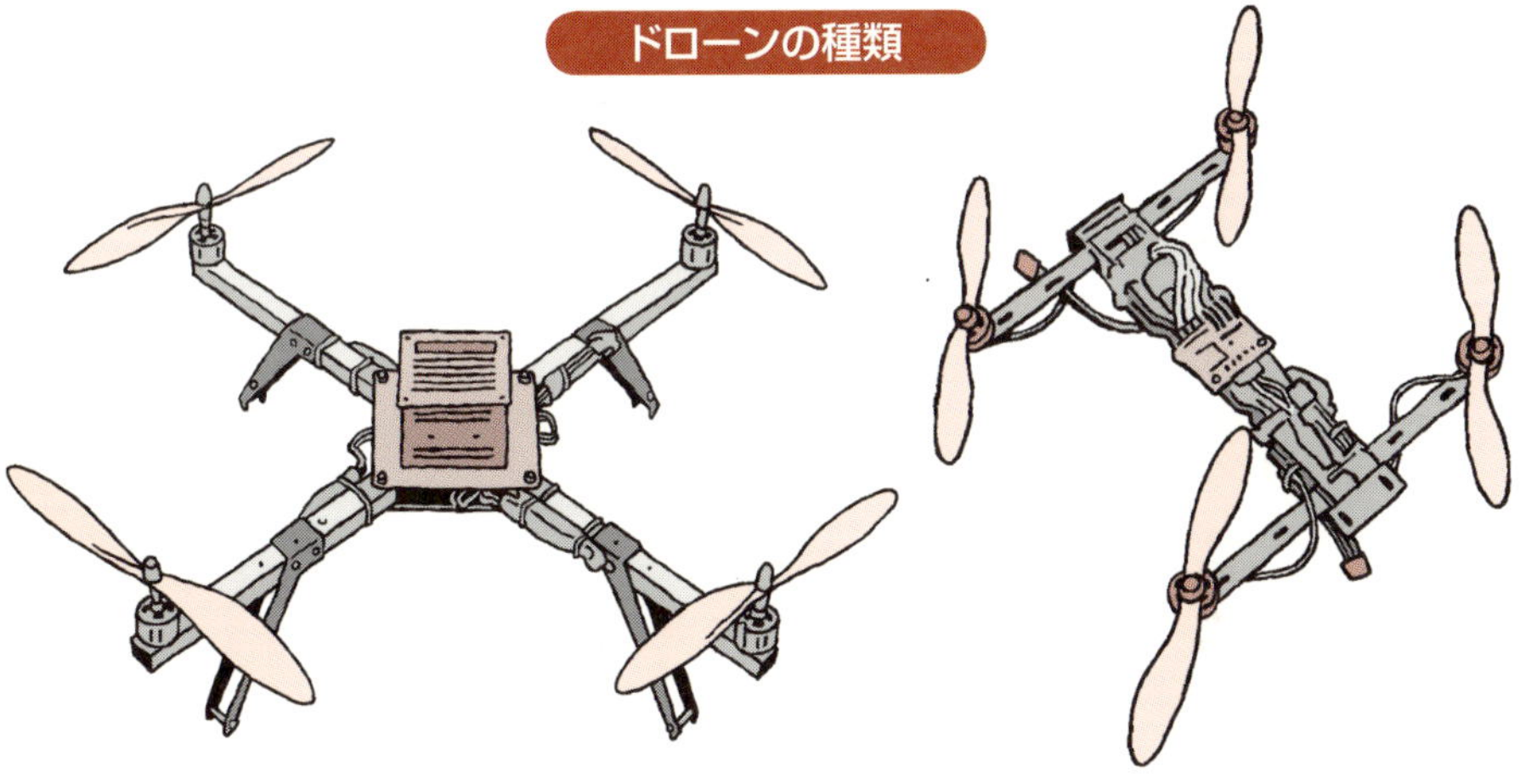

ドローンとして普及しているクアッドコプター

2 ドローンの歴史①

標的機から始まったドローン開発

航空機を無人で遠隔操作によって飛行させる試みは1930年代から始まり、最初に実用化されたのは標的機でした。英国ではデハビランド・タイガー・モスを改造した無線操縦の無人機DH82B"Queen Bee"が1935年から1947年まで標的機として380機製造されました。米海軍もカーチスN2C-2を無線操縦で飛行できるように改造し、1938年から標的機として使用しましたが、米国での本格的な利用は、ラジコン模型飛行機を改造した標的機がOQ-1として1940年に正式に採用され、このときターゲット・ドローンと命名されました。ドローンは「オス蜂」を意味し、英国の「女王蜂(Queen Bee)に敬意を表して命名された」といわれています。米国のターゲット・ドローンは第二次大戦中に1万機以上が製造されました。ターゲット・ドローンは現在でも各国で利用されています。

第二次大戦後にドローンを遠隔操縦ではなく、自動で飛行させる研究が行われました。そのためには、無人で自ら飛行位置を知ることが求められました。有人航空機用には、搭載する加速度計やジャイロ(角速度計)により移動位置を算出する慣性航法が開発されましたが、無人機に搭載するには重量や大きさの点でも価格の面でも適しませんでした。慣性航法は最初、大陸間弾道弾用に開発され、航空機への最初の利用は、1969年に初飛行したボーイング747でした。この技術により、太平洋を無着陸で自動飛行することが可能になりました。無人機用の航法技術は、GPS(全地球測位システム)によって初めて実用化されました。GPSは複数の衛星からの電波を受信することで自身の位置を求めることができます。1995年に運用開始された米国ジェネラル・アトミックス社のプレデターは、GPSによる自動飛行を行う本格的な無人偵察機であり、衛星通信も行い、遠距離への飛行も可能になりました。

要点BOX
- ●1930年代から始まったドローン開発
- ●GPSによって、ドローンの航法技術が確立された

標的機として誕生したドローン

標的機は射撃訓練用の無人機として誕生

1935年英国の有人練習機を改造した標的機DH82B Queen Bee

1940年米国のラジコン模型飛行機を改造した標的機、ターゲット・ドローン

GPSを利用して自動飛行を可能に

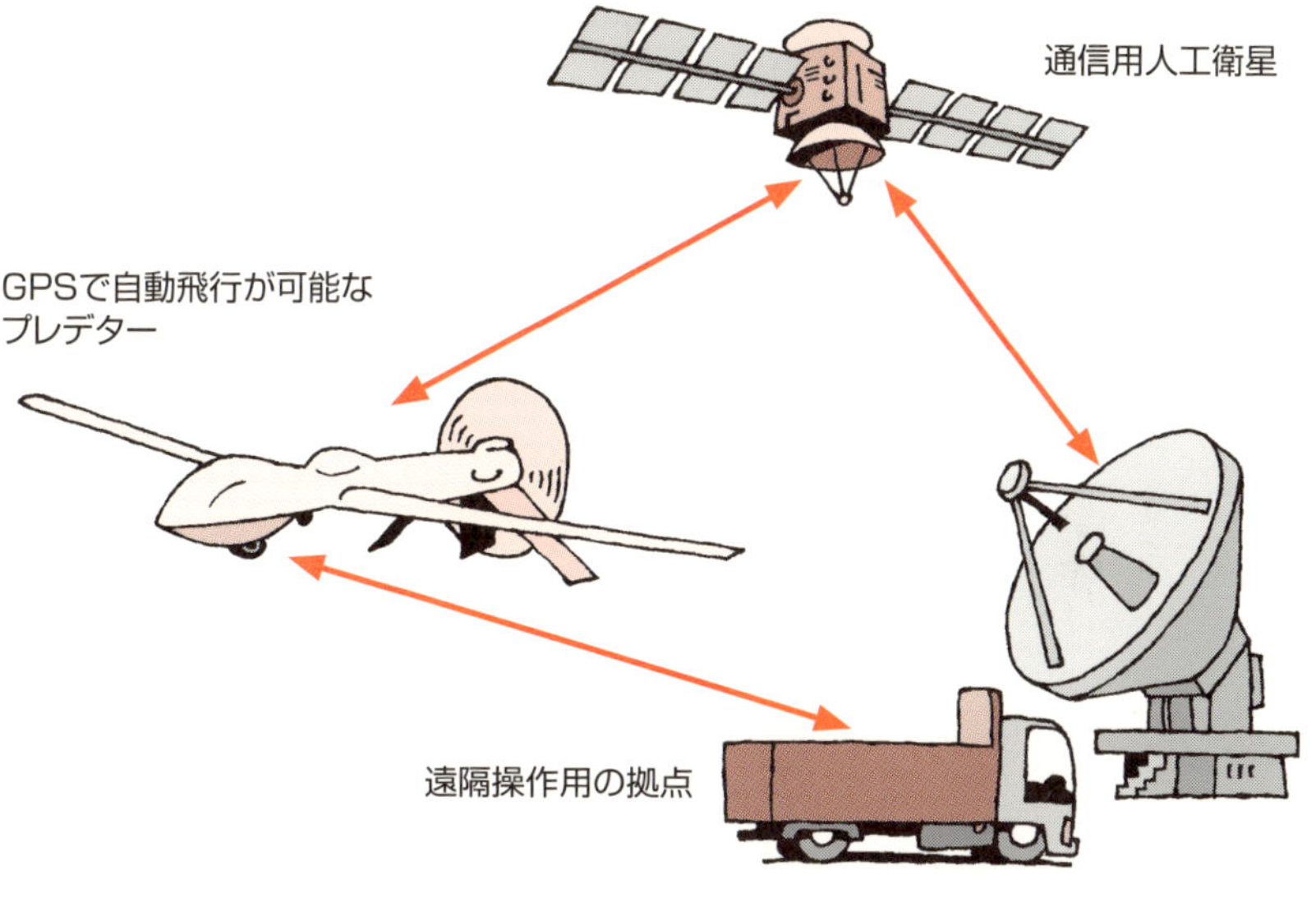

3 ドローンの歴史②

ドローンの産業利用は農薬散布から始まった

無人ヘリコプターの産業利用が始まったのは日本の農薬散布ヘリコプターでした。有人のヘリコプターによる農薬散布は日本の国土には合わず、より効率的な方法として無人ヘリコプターの利用が１９８０年代に研究され、１９９０年代から農薬散布用無人ヘリコプターが発売されました。その利用は年々増え、今日では、航空機による農薬散布は国内ではすべて無人のヘリコプターでなされています。国内での登録機数は２５００機程度で、最大離陸重量１００kg以下で約20リットルの農薬をペイロードとして積み込むことができます。初期のものは手動の遠隔操縦でしたが、ＧＰＳなどによる制御システムを備えるに至っています。

現在、空撮などの目的で使用が急速に拡大している小型無人機は４つ以上のプロペラの回転数を制御して飛行する電動のマルチコプターです。マルチコプター自体は１９９０代から研究を目的として使用されていましたが、２０１０年にフランスのパロット社からホビー用のマルチコプター（AR Drone）が販売されたことで急速に市場に広がりました。バッテリーにリチウムポリマーが利用できるようになったことがこうした機体が成立する一因でした。バッテリーが重いため電動ラジコン機の実用化は難しく、２０００年代に携帯電話用バッテリーとして普及したリチウムポリマーバッテリーは軽量なため、電動無人機のバッテリーとして急速に普及しました。

通信技術の発達も最近のドローンブームを支えています。最近のドローンはＷｉＦｉの技術を用いて遠隔操作を行うため、原理的に混信の発生が少なくなっています。さらに、AR Droneはスマートフォンやタブレットを傾けることで容易に操縦が可能で、普及の一因となりました。その後、中国のＤＪＩ社に代表される高性能な空撮用マルチコプターが大量に市場に出回るようになりました。

要点BOX

- 日本では航空機による農薬散布はすべて無人ヘリコプターで行っている
- ホビー用からドローン市場が広がる

農業用からホビー用へ発展

1980年代

日本で研究普及が進んだ
農薬散布用
無人ヘリコプター

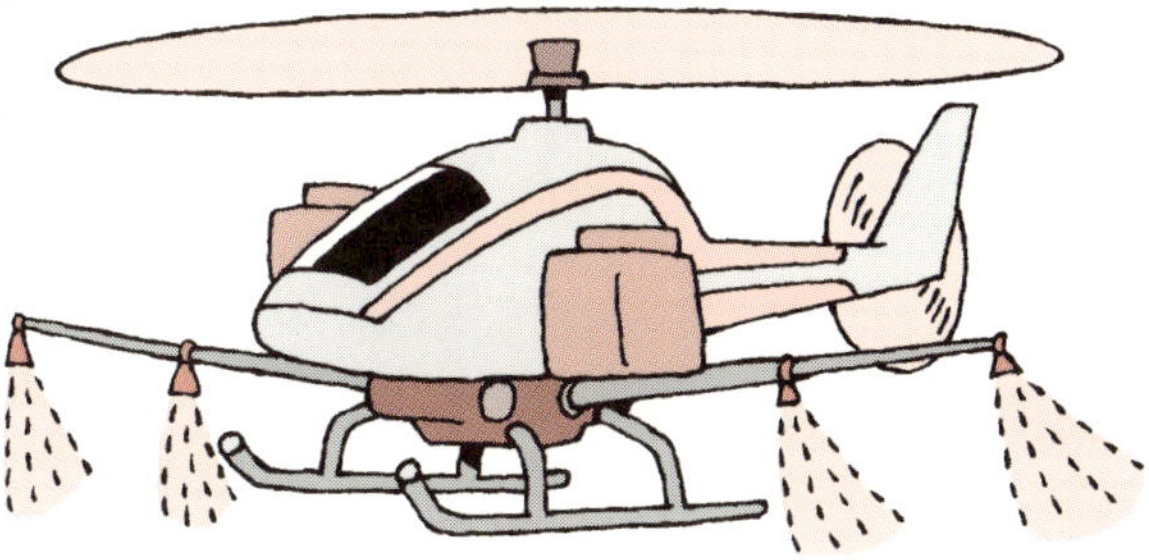

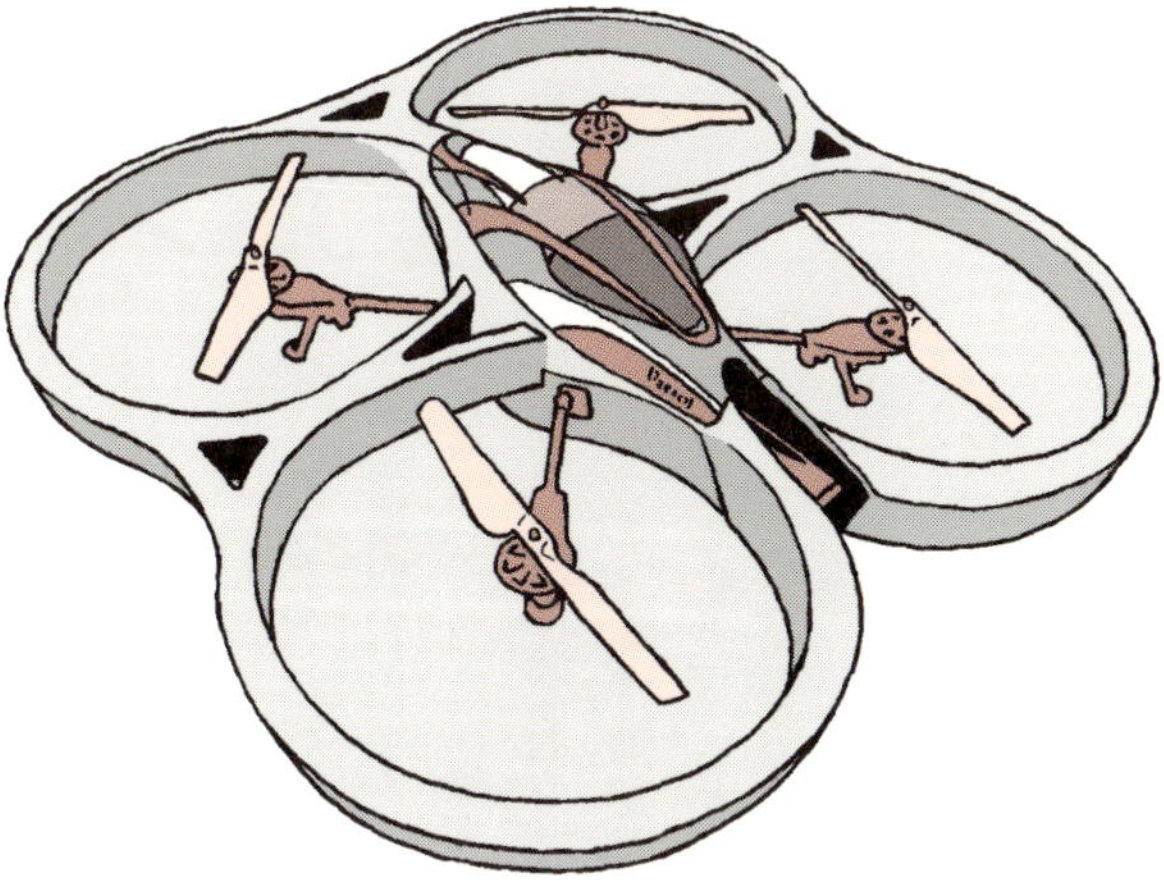

2010年

フランス・パロット社の
ホビー用ドローン
"AR Drone"

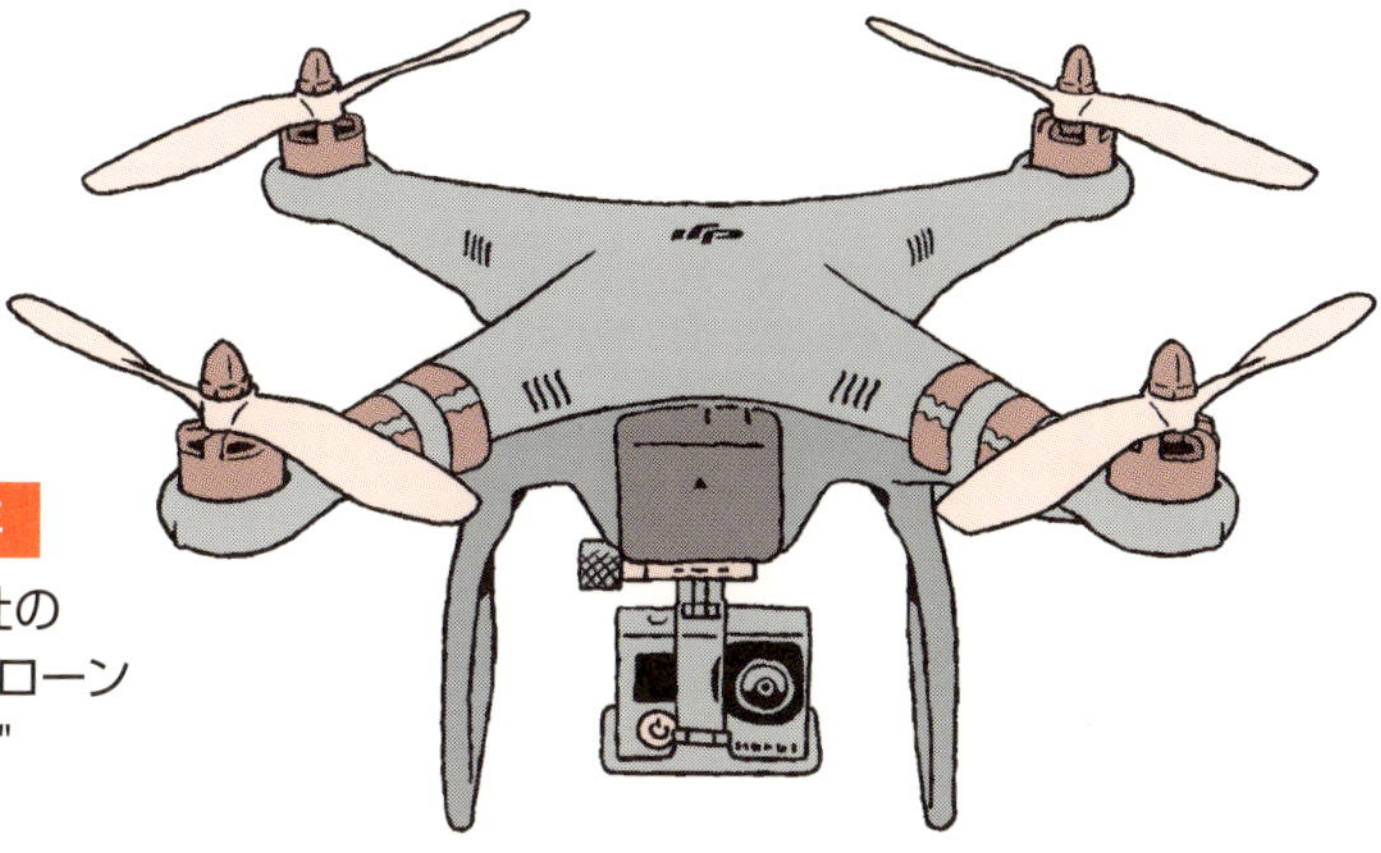

2012年

中国・DJI社の
ホビー用ドローン
"ファントム"

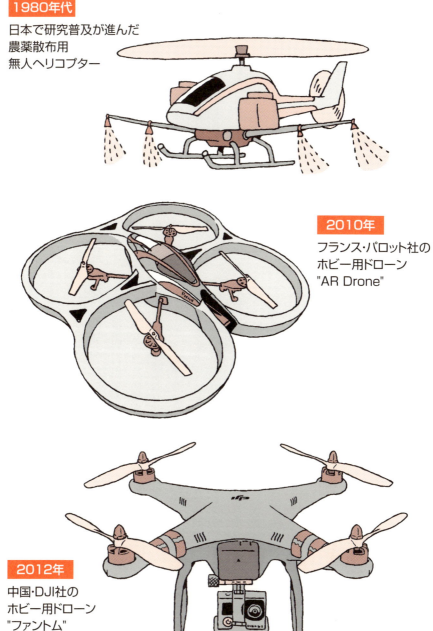

4 主なドローンメーカー

ベンチャー企業が群雄割拠する

米国の調査会社ゴールドマン・サックスが2015年に発表した世界市場占有率のデータによればDJI、パロット、3Dロボティクスの3社で世界市場の90%近くを占有し、1000を超えると推定される世界のメーカーを圧倒しています。

なかでも70%近くを占めるDJIは2006年香港科学技術大学の電気工学専攻生Frank Wang氏が学生寮で創業したベンチャー企業で、中国に本社、工場のほか、米国、ドイツ、日本に拠点を持ち、従業員4000人以上の従業員を抱える世界企業となっており、2012年に発表した汎用のファントムシリーズはホビー用や業務用などに多用され、ベストセラーとなりました。

第2位のパロット社は、Seydoux氏が1994年パリで創業した音声認識技術や信号処理技術などのメーカーで、2010年世界で初めて玩具の小型マルチコプターAR Droneを量産・販売し、現在のマルチコプター・ブームに先鞭をつけたメーカーです。

第3位の3Dロボティクス社はメキシコからアメリカに移民してきた20歳のMuñoz青年が、ゲーム機の部品を使ってマルチコプターをネットのDIYで発表していたのを、電子雑誌編集長Anderson氏が認め、2009年に共同で創業し、ベンチャーキャピタルの支援を受けホビー用での業績を伸ばしてきました。しかし、2016年からは産業用分野に絞るなどの大きなリストラが進められています。この業界の競争のスピードと激しさをパロットや3Dロボティクスの動向に見ることができます。

我が国では、数年前から産業用ドローンベンチャーが立ち上がって来ましたが、航空法改正以後、大企業、中堅企業の参入が活発化しており、産業用ドローンメーカーは2016年4月現在20社を超える活況になっています。

要点BOX

- DJI、パロット、3Dロボティクスの3社で世界市場の90%近くを占める
- これからのドローン市場

ドローンメーカーの世界市場占有率

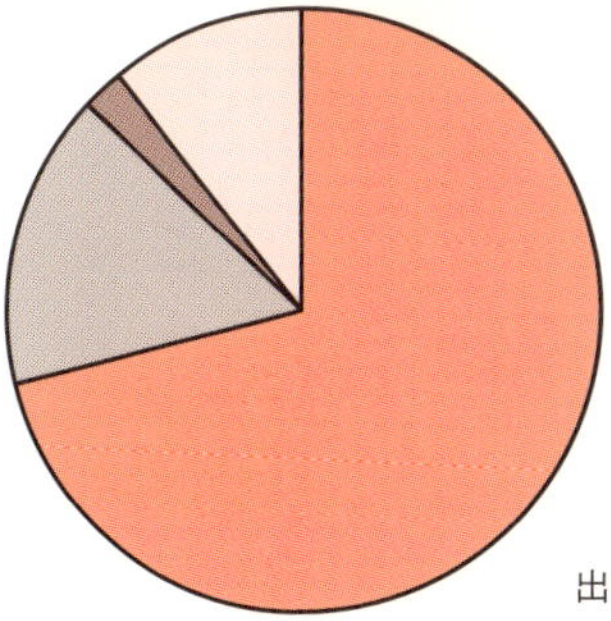

出典:ゴールドマン・サックス調べ、2015年

国内のドローンメーカー

企業名	設立年	所在地
エンルート	2006	埼玉県
情報科学テクノシステム	1982	茨城県
ヨコヤマコーポレーション	1963	群馬県
プロドローン	2015	東京都
ヤマハ発動機	1955	静岡県
島内エンジニア	1988	佐賀県
自律制御システム研究所	2013	千葉県
菊地製作所	1965	東京都
金井度量衡	1882	新潟県
アミューズワンセルフ	2011	大阪府

航空法改正後の主な参入企業

エアロセンス	ソニーモバイルとZMPの合弁
セコム	警備システム「セコムドローン」
日立マクセル	ドローン用リチウムイオン電池。5月末に出荷予定。エンルートとの共同開発
デンソー	橋などインフラの点検ドローン開発中。
日本電産	産業用ドローンモーター事業に参入開始。来年までに量産。3〜5年後に数百億円
日立システムズ	ドローンの運用一括請負サービスを8月から開始予定
岡谷鋼機	プロドローンと協業し、精密3次元地図計測無人航空機を発売開始
テラドローン	テラモーターがドローン測量リカノスを買収。測量専門ドローン製造販売、測量サービスの提供
エンルートM's	エンルートとMTS&プランニングの共同出資会社。産業用ドローンの大量生産。2020年に関連事業で180億円の売上を目指す
日立造船	海上輸送用ドローン開発開始
パナソニック	橋梁点検用ドローン製造。プロドローンとの連携
国際航業	3次元空間解析クラウドサービス開始

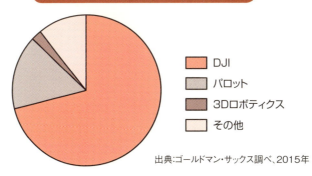

5 ドローンの市場予測

急成長を遂げるドローン市場

販売や生産の実態が把握しにくい状況にあるため、市場統計や予測データも発表者によって大きな差異がありますが、各国で法整備が進み、機体や操縦者などの登録制度が始まるにつれ、市場分析や予測データの拠り所が確かなものになりつつあるのが現状です。

FAA（米国連邦航空局）が2016年3月に発表した、2016年から2020年の5年間の米国内のドローン市場の見通しは最新のデータとして参考になります。これによれば、ホビー用は2016年末が190万機で2020年には430万と約2・3倍の伸びですが、産業用は2016年末の60万機から2020年には270万機と4・5倍と大きく伸びるとみています。両者合わせた市場の伸びは5年間で、2・8倍と見積もっています。米国では2016年内には法規が固まるはずですが、その内容によりこの数字は大きく変化する可能性があるとFAAはコメントしています。FAAと共同で市場予測を行っている航空宇宙分野の専門調査会社TEALグループによれば、米国のドローンの5大市場は図に示すように点検、空撮、保険、農業、行政と見ています。

実態を把握するデータとしては、2002年に世界で最初に法制度を整備したオーストラリアの産業用利用登録データと、制度が完備するまで暫定的に産業用利用に関し個別認可を行っている米国の認可データの分析が良い参考になります（いずれも2015年末現在）。

我が国ではインプレスが2016年3月に発表した、新産業調査レポート『ドローンビジネス調査報告書2016』による予測があり、これによれば2015年の市場104億円は6年後の2020年には1138億円と6年間で約10倍に成長すると見ています。

要点BOX
- ●産業用が大きく伸びると推測されている
- ●日本ではサービス提供市場が成長と予測

ドローン市場の見通し

単位:百万機

	2016年	2017	2018	2019	2020
ホビー用	1.9	2.3	2.9	3.5	4.3
産業用	0.6	2.5	2.6	2.6	2.7
合計	2.5	4.8	5.5	6.1	7.0

出典：Aerospace Forecast Report Fiscal Years 2016 to 2036　FAA　2016.3

ドローンの産業利用内訳

(a) アメリカ

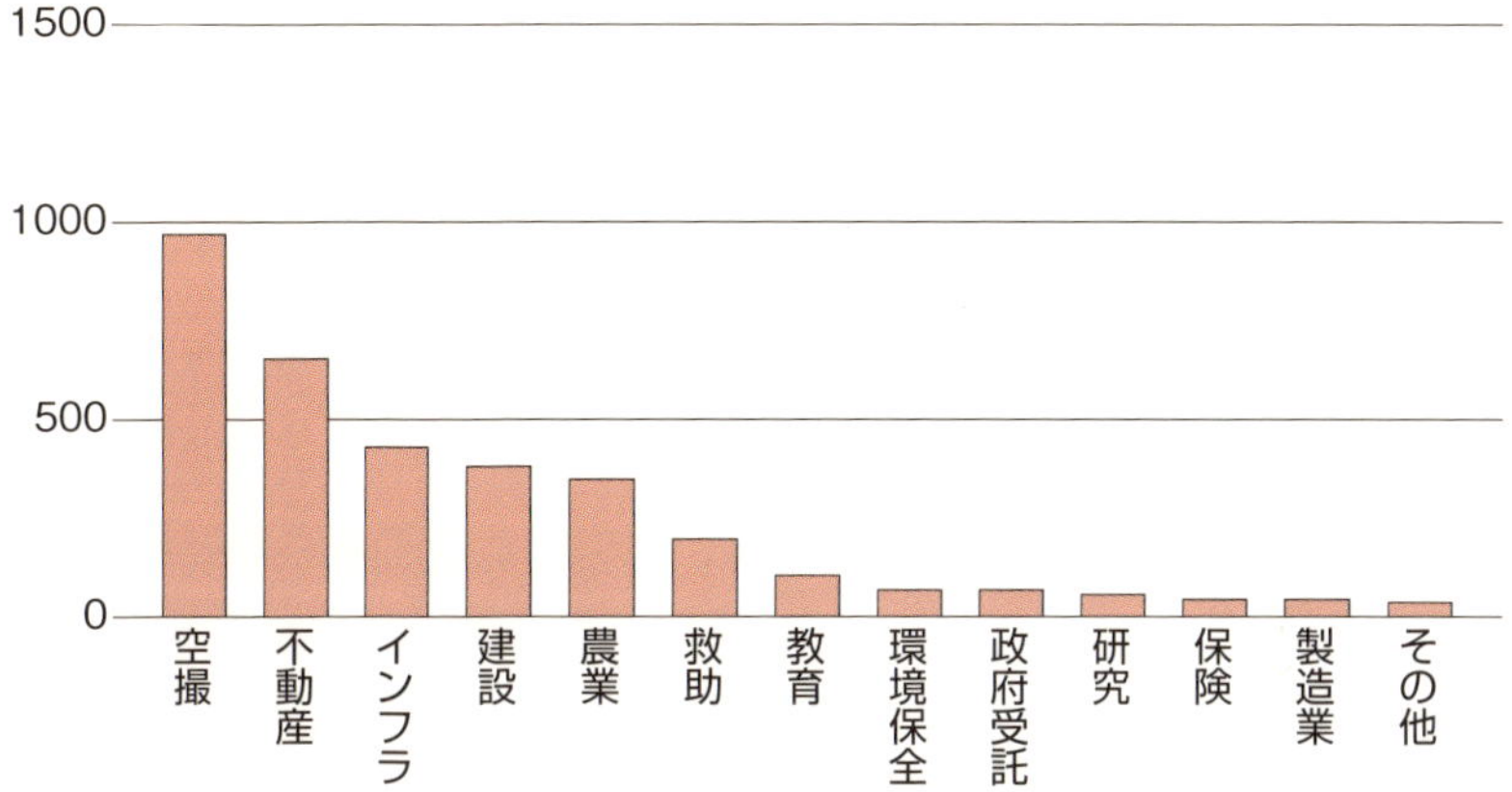

(b) オーストラリア

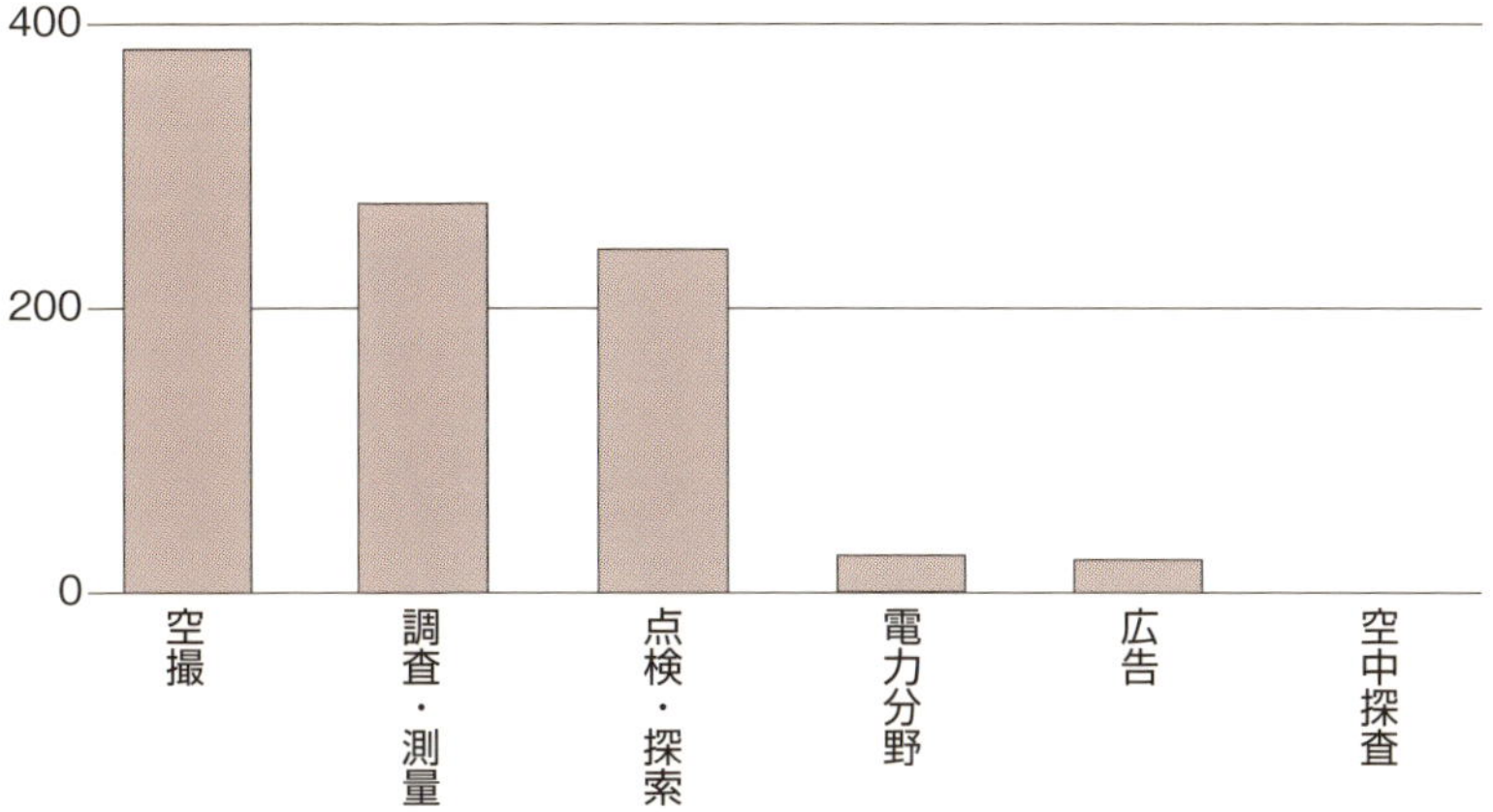

出典:JUIDA調べ

Column

マリリン・モンローとドローン

第二次世界大戦中、標的無人機であるターゲット・ドローンはアメリカで1万機も大量に製造されました。その無人機工場で働いていた女性がのちに女優マリリン・モンローとなるノーマ・ジーン・ベイカーであったという逸話があります。

米国で開発されたターゲット・ドローンはハリウッド男優のレジナルド・デニーが扱っていたラジコン模型飛行機をベースとして開発されました。英国生まれのデニーは、第一次大戦中には飛行射撃手として従軍した経験があり、その後、舞台俳優であった両親の影響で、ハリウッドの映画俳優となっていました。彼の趣味はラジコン機操縦であり、ハリウッドに模型飛行機店を開業し、ラジコン機の製造会社も起こしていました。このときのラジコン機がのちに、ターゲット・ドローンとして正式採用されました。

デニーの工場は株主も変わり、社名もラジオプレーン・カンパニーに変更されました。マリリン・モンローはこの工場において、標的機にプロペラを取り付けるなどの作業に携わっていました。陸軍は戦時中の工場の様子を撮影するために、1人の写真家をラジオプレーン・カンパニーへ送りました。その写真は1945年6月の陸軍広報誌に掲載され、多くの女工の中から、写真家デビッド・コンバーは1人の女性に目を付け、彼女の写真を関係者に配りました。これがきっかけで彼女はモデルの仕事を始めるようになり、偉大な女優へと羽ばたいていったのでした。第二次大戦後もターゲット・ドローンは使用され続け、1952年にはノースロップ社に買収されました。マリリン・モンローが女優としての地位を確立したのもこの頃で、1953年には「ナイアガラ」で主演を演じています。

第2章

ドローンの仕組み

6 飛行の原理

翼型は上下の圧力差で揚力を得る

空中を飛行する航空機は、重量に打ち勝つ力を得る原理から、①浮力で上昇力を得る飛行船と、②翼の揚力で上昇力を得る（固定翼機、回転翼機）に大別されます。鳥のような羽ばたき機も②に属しますが実用にはなっていません。回転翼機は、2セット以下のローターを使用するヘリコプターと、3セット以上のローターを使用するマルチコプターに分別できます。固定翼機も回転翼機も翼に作用する揚力を利用します。翼は、左図に示すような翼型と呼ばれる断面形を持ち、適切な角度（迎角）で空中を移動すれば移動方向に垂直な揚力、移動方向に空気抵抗が発生します。揚力は翼型上面の流れが加速され、ベルヌーイの定理により上面の圧力が下がるため発生します。左図のように揚力、空気抵抗の大きさは翼面積に比例し、飛行速度の2乗に比例して大きくなります。

揚力を瞬間的に増すには迎角を増やせば良いのですが、通常10度以上になると翼から流れが剥がれる剥離《はくり》が発生し、逆に揚力が減少します。この場合、機体は失速し、姿勢を崩し、高度を失うので危険です。

回転翼機のローターやプロペラも断面は翼型をなしています。回転する翼型の迎角は回転中心の距離によって変化します。特にプロペラが回転中心からねじれた形を持つのは、効率良く揚力を作るためです。

翼の断面形は、ハンドブックによって特性が整理され、飛行速度や飛行機のサイズ、また製作の容易さから機体に適したものが選ばれます。翼を上から見た平面形は翼の揚力と抵抗の比（揚抗比）に大きく影響し、翼平面の縦横比をアスペクト比と呼びます。翼の端では翼下面から上面に流れが舞い上がるため、気流が乱れ、渦が発生し効率が悪化します。高性能なグライダーは大きなアスペクト比を持ち、この乱れの影響を小さくしています。

要点BOX

- ●航空機は、上昇力を浮力で得るものと、翼の揚力で得るものに大別
- ●翼の迎角が10度以上になると失速

揚力を得る原理

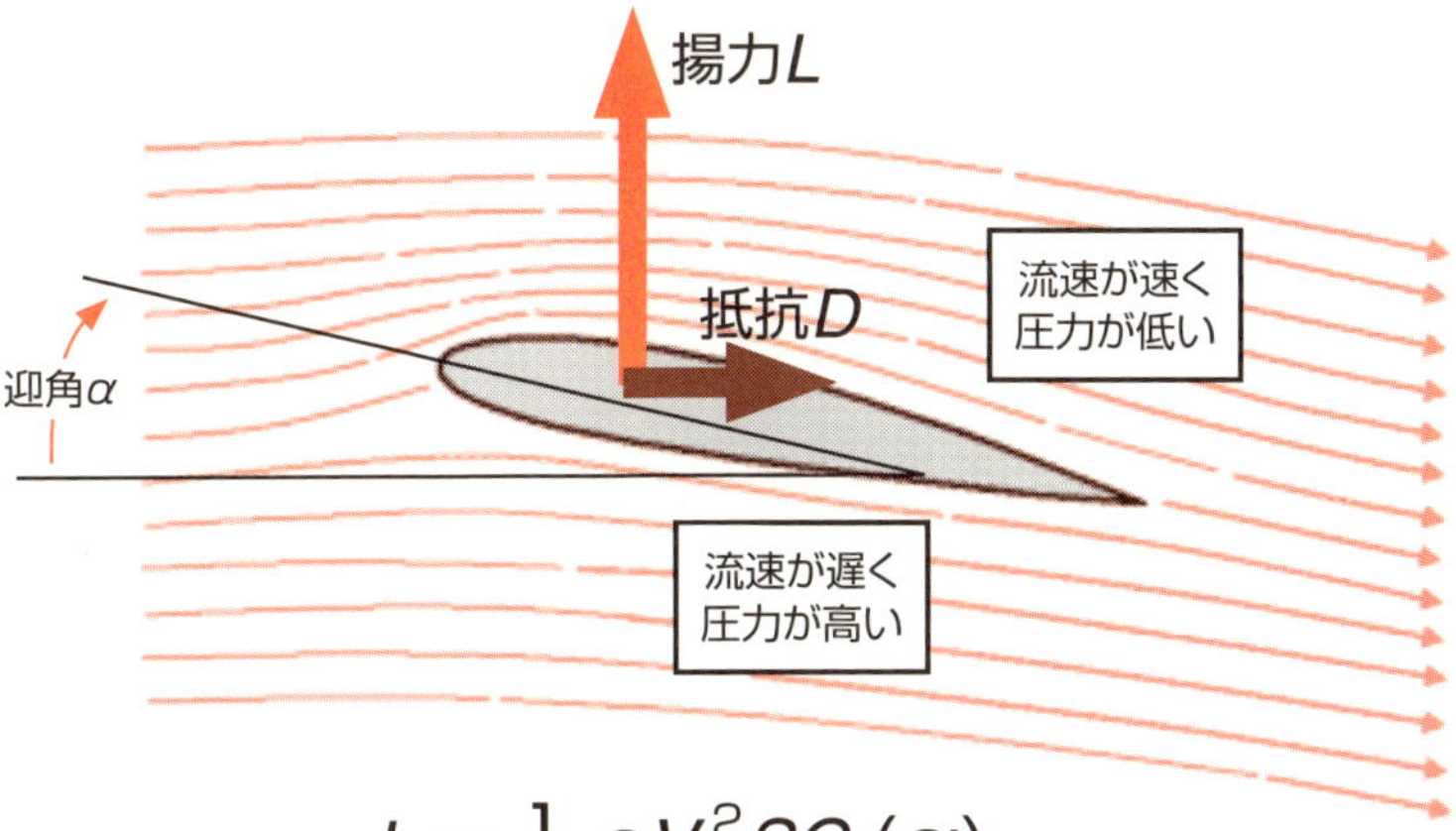

$$L=\frac{1}{2}\rho V^2 SC_L(\alpha)$$

揚力∝空気密度・速度^2・翼面積

$$D=\frac{1}{2}\rho V^2 SC_D(\alpha)$$

抵抗∝空気密度・速度^2・翼面積

翼端渦

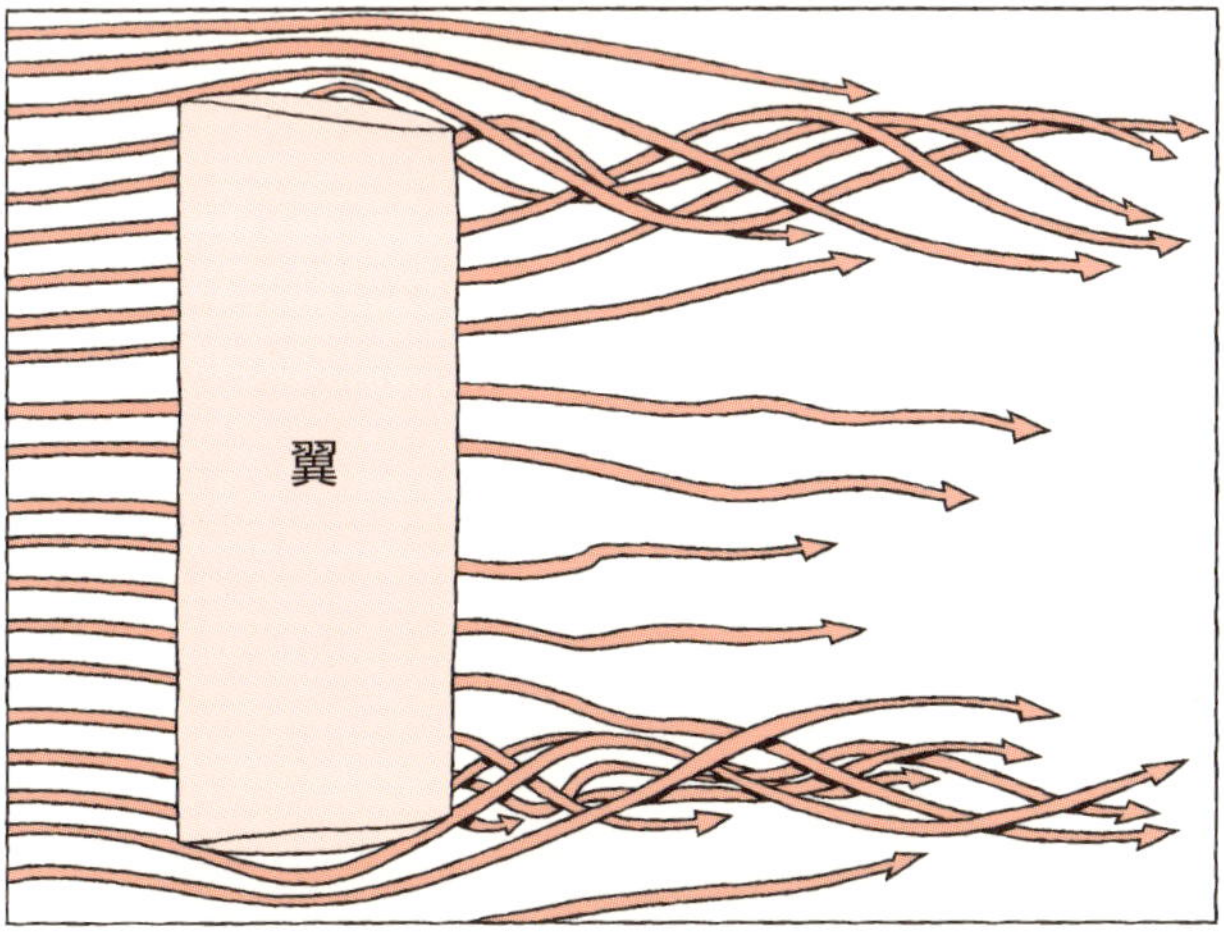

翼の空力性能を悪化させてしまう翼端で発生する強い渦

7 水平飛行とホバリング

安定な飛行には力のつり合いが重要

飛行機が水平定常飛行するためには左図のような力のつり合いが成立します。重力につり合う揚力が得られれば上下の力はバランスするためです。この式から飛行速度は空気密度と揚力係数が同じであれば翼面荷重（mg／S）によって決まることになります。つまり、ゆっくり飛行させるためには重量に対して翼面積を増やせば良いことになります。また、同じ速度で水平飛行を維持するためには、水平方向の力のつり合いも必要となり、図中のように空気抵抗に等しい推力を発生することになります。飛行速度は①式で得られ、それを代入すると、推力を小さくするためには揚力係数と抵抗係数の比（揚抗比）を大きくすれば良いことがわかります。すなわち、グライダーのようなアスペクト比の大きな翼であれば推力を小さくすることができます。

ヘリコプターやマルチコプターは飛行機と異なり空中に停止（ホバリング）できることが特徴です。これはローターやプロペラの回転によって発生する推力を揚力として利用することを意味します。ローターやプロペラの推力は空気を下向きに加速させた場合の反力として得られるもので、同じ重量、同じ翼面積（ローターやプロペラでは回転面積）の場合、飛行機よりも3倍以上のエンジン出力が要求されます。すなわち、ヘリコプターやマルチコプターは純粋な飛行という意味では飛行機よりも効率は下がるが、飛行機ではできない空中停止を可能にします。

空中で飛行を安定化させるためには力のつり合いだけではなく、モーメントのつり合いも求められます。モーメントとは回転させる力のことであり、力の大きさと回転中心までの距離の積になります。飛行機の場合、尾翼が、ヘリの場合はテールローターがモーメントのバランスに貢献します。マルチコプターでは半分のプロペラを反対方向に回転させることでモーメントをバランスさせています。

要点BOX
- ●ヘリコプターは飛行機よりも3倍以上の出力が必要
- ●モーメントのバランスも大切

水平飛行する固定翼機の飛行の仕組み

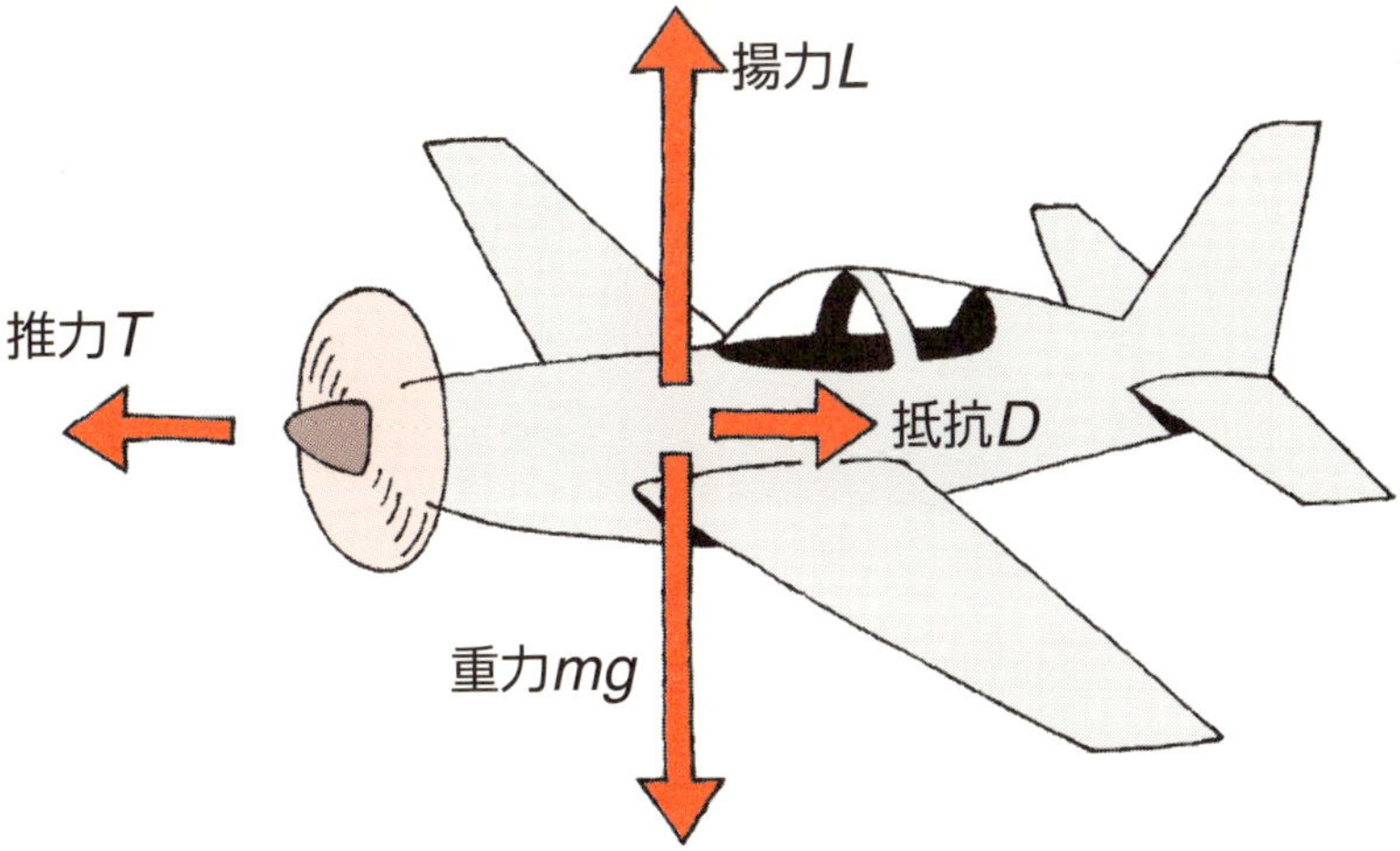

$$L=\frac{1}{2}\rho V^2 SC_L(\alpha)=mg \qquad D=\frac{1}{2}\rho V^2 SC_D(\alpha)=T$$

$$\rightarrow V^2=\frac{2}{\rho C_L}\frac{mg}{S} \cdots ① \qquad \rightarrow T=mg\frac{C_D}{C_L}$$

マルチコプターのトルクバランス

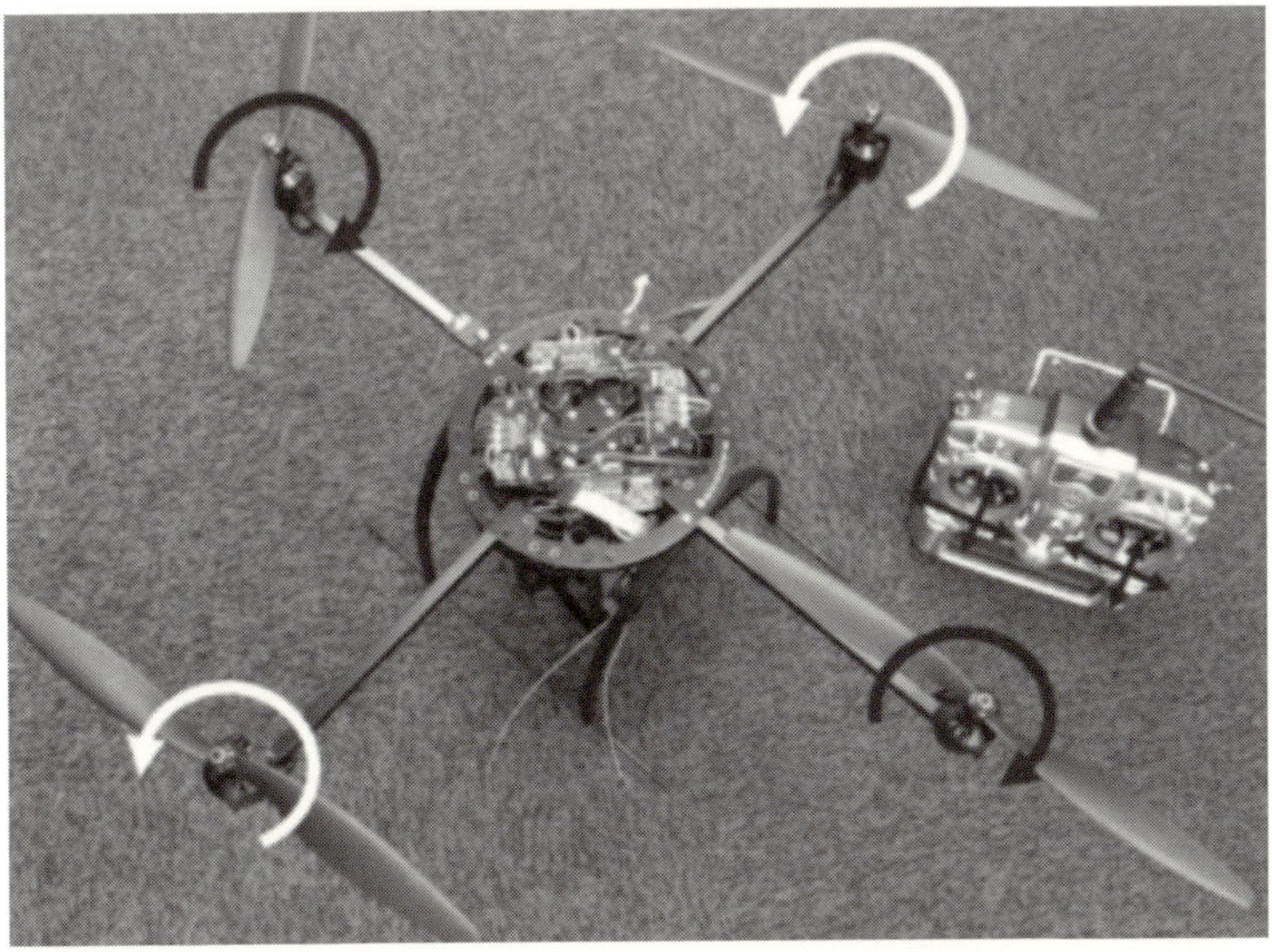

半分のプロペラを反対方向に回転させることで機体をバランスさせる

8 飛行機の操縦

飛行機は、推力・エルロン・エレベーター・ラダーで操作

飛行機の操縦は、巡行時の力のつり合い、モーメントのつり合いを適切に崩すことによって行います。

力のつり合いはエンジンの推力を制御し、推力を上げれば、速度が増します。水平飛行を維持すれば純粋に速度の上昇となりますが、速度の上昇による運動エネルギーの増加を高度の上昇に変換することも可能です。モーメントのつり合いを崩すと機体を回転させることができます。機体の回転は、左図のようにロール、ピッチ、ヨーと3軸の成分に分解できます。それぞれの回転は、主翼の補助翼(エルロン)、垂直尾翼の昇降舵（エレベーター)、方向舵（ラダー）を操作することで可能になります。

このように、飛行機には推力・エルロン・エレベーター・ラダーの4つを操作するメカニズムがあります。無人機の場合、遠隔操作用のプロポのスティックを操作することによって4つの操作が可能となります。左右のスティックにどの操作を割り当てるかは自由ですが、日本ではモード1が一般的です。

各スティックの横と下にはスライダーがあります。トリム操作を行うためです。具体的には、スティックの中立位置で機体のバランスが取れるように各入力の中立位置での値を調整します。適切に調整されれば、例えば、水平巡行飛行時にスティックを常時傾けている必要がなくなります。

操縦の際には、2本のスティックを同時に操作します。高度を変更する際には、エレベーターを操作し、ピッチを上げ揚力を上昇させれば良いのですが、ピッチの上昇は同時に空気抵抗の増加を招くので、そのままでは速度が低下し、エンジンの推力も同時に上げる必要があります。旋回はエルロンを操作し、ロールの回転を発生させますが、機首を内向きに曲げるためにラダーも操作します。また、同時に機体が傾き揚力の垂直成分が減少するので、エレベーターと場合によっては推力も操作します。

要点BOX

- 機体の回転は、ロールとピッチとヨーの3軸の成分に分解できる
- プロポの操作は2本のスティックを同時に行う

飛行機の操縦

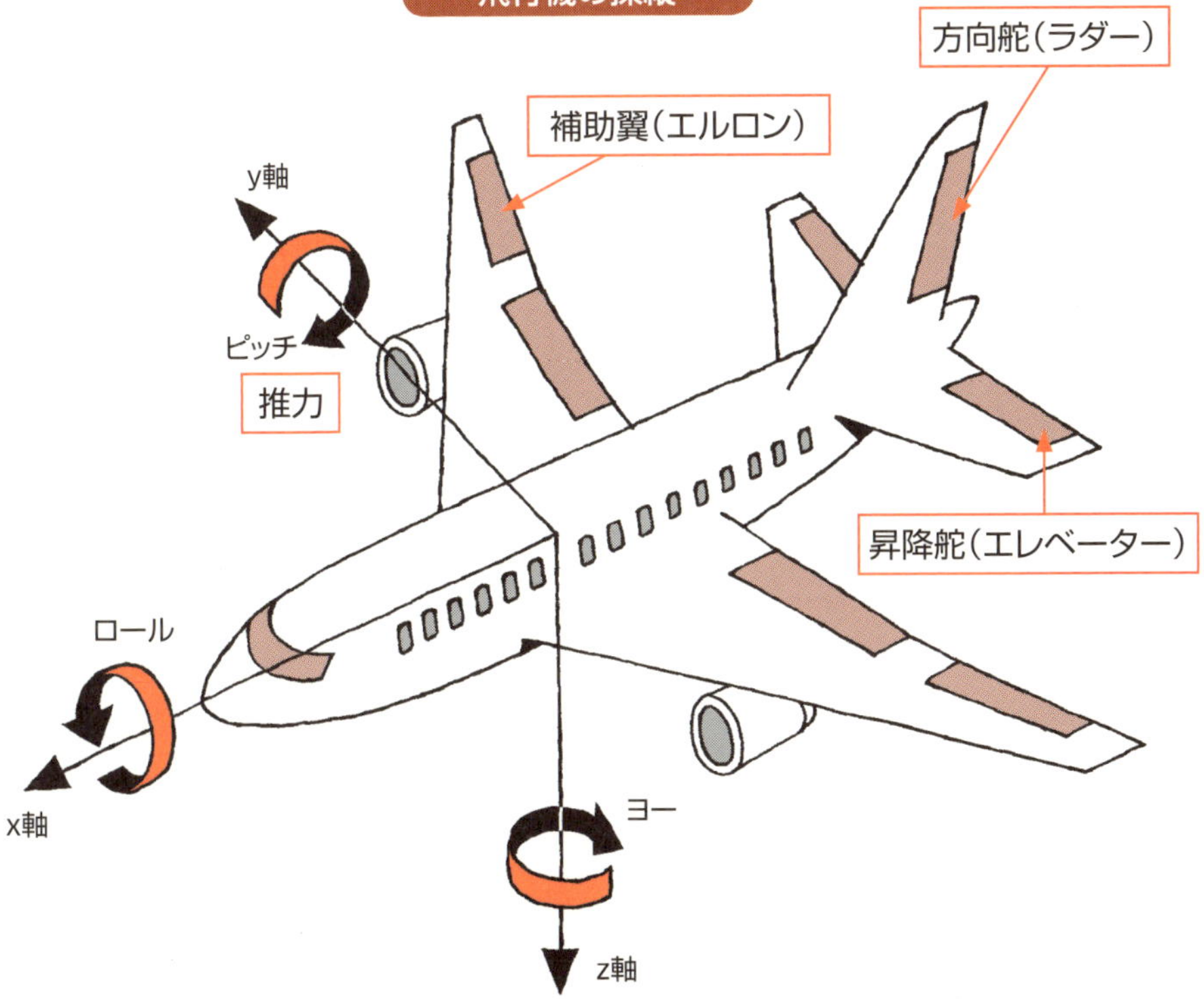

プロポによる操縦

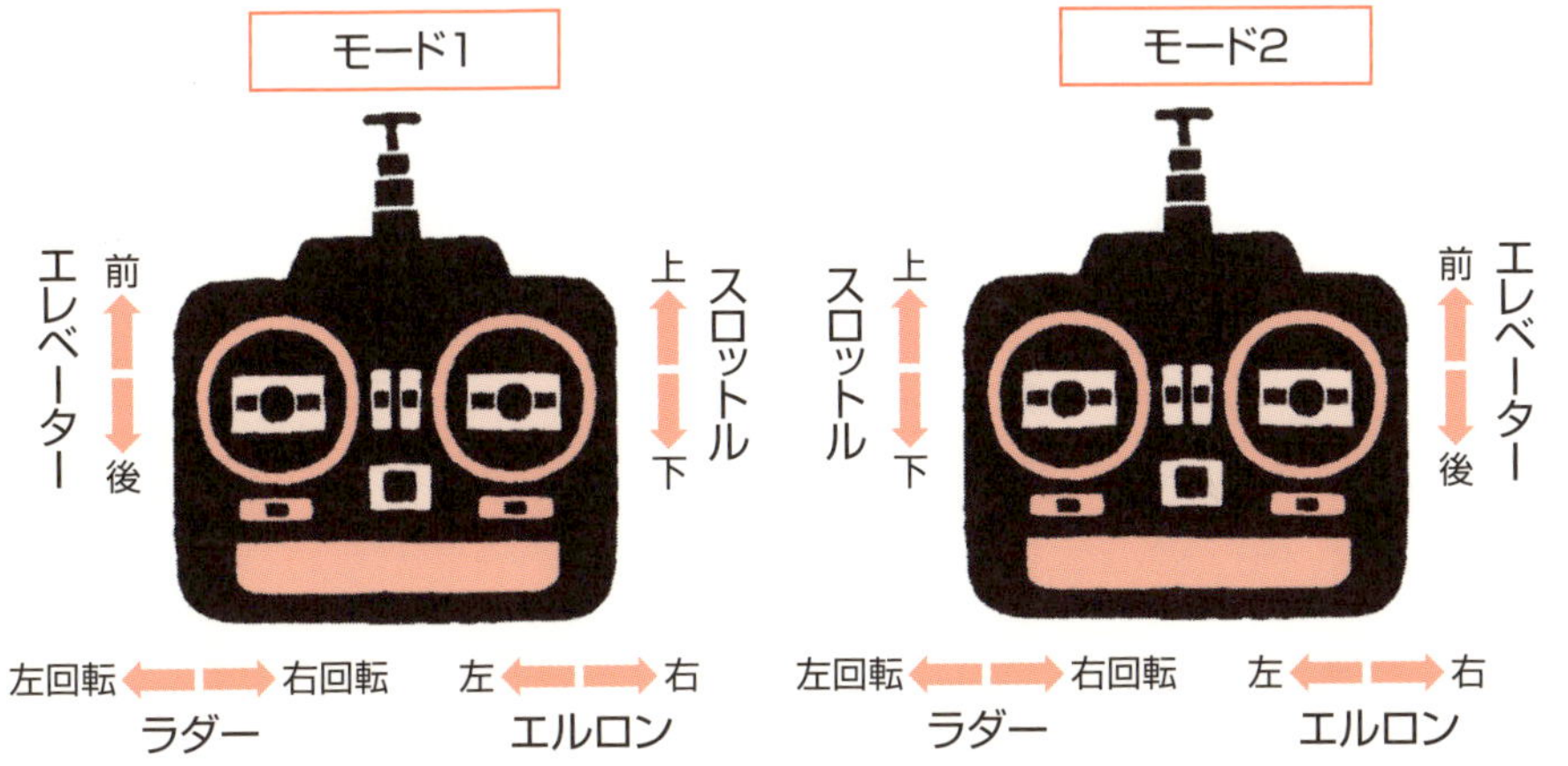

モード1は日本で、モード2は海外で主に使用される

9 ヘリコプターの操縦

ローターのピッチ角を変えて揚力を操作

ヘリコプターは機体上部にあるローターの迎角（ピッチ角）の傾きを変更することによって操縦を行い、同時に機体後部にあるテールローターの推力も操作します。関節型ローターの場合、左図のように3つのヒンジでローターと回転軸は結合されます。各ヒンジは、ローター上下の回転を許すフラッピングヒンジ、水平面内の回転を許すリードラグヒンジ（ドラッグヒンジ）、ローターの迎角を変更するフェザーヒンジと呼ばれます。エンジンはギヤを介して回転軸を駆動し、同時にテールローターも回転させます。

ホバリングから機体を上昇させるためにはローターの揚力を増加させれば良いのです。そのために、ローターのピッチ角を増やすのですが、回転するローターのピッチ角を増やすためにスワッシュプレートという特殊な機構が利用されます。スワッシュプレートはピッチ角を変更するロッドが取り付けられた回転円板と、操縦用のロードが取り付けられた非回転円盤が接しています。非回転円盤を上昇させると、回転円盤も同時に上昇し、回転するローターのピッチ角を増します。ピッチ角が増すと抵抗も増すので、エンジンの回転数も上げる必要があります。ローターの揚力でローターには曲げモーメントが発生しますが、ローターが折れないようにフラッピングヒンジがあります。実際には、ローターの揚力と遠心力がバランスするフラッピング角（コーニング角）がついてローターは回転します。エンジンのスロットルとピッチ角を同時に操作することは難しいので、同期して操作できるようになっています。

機体を前後、左右に移動させるため、ローターの回転面を傾けます。この操作にもスワッシュプレートが活躍します。スワッシュプレートを傾けると、ローターのピッチ角は回転中に変動するので、ローター面を傾けることができます。機種の向きを変えるには、テールローターの推力を変更させることになります。

要点BOX
●ローターには3種類のヒンジがつく
●スワッシュプレートで上下、前後、左右に移動

ローターの3つのヒンジ

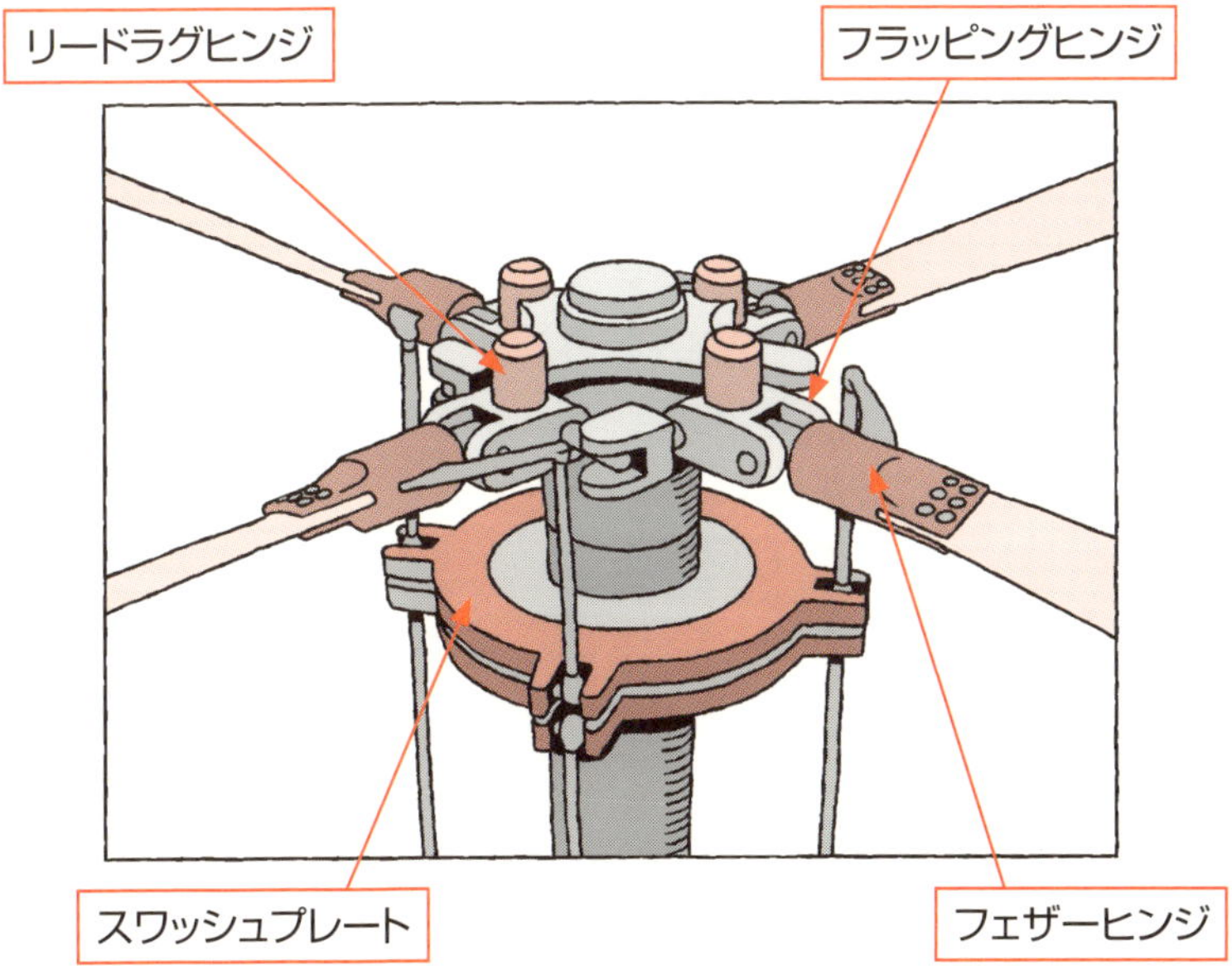

上昇のためのピッチ角を変える

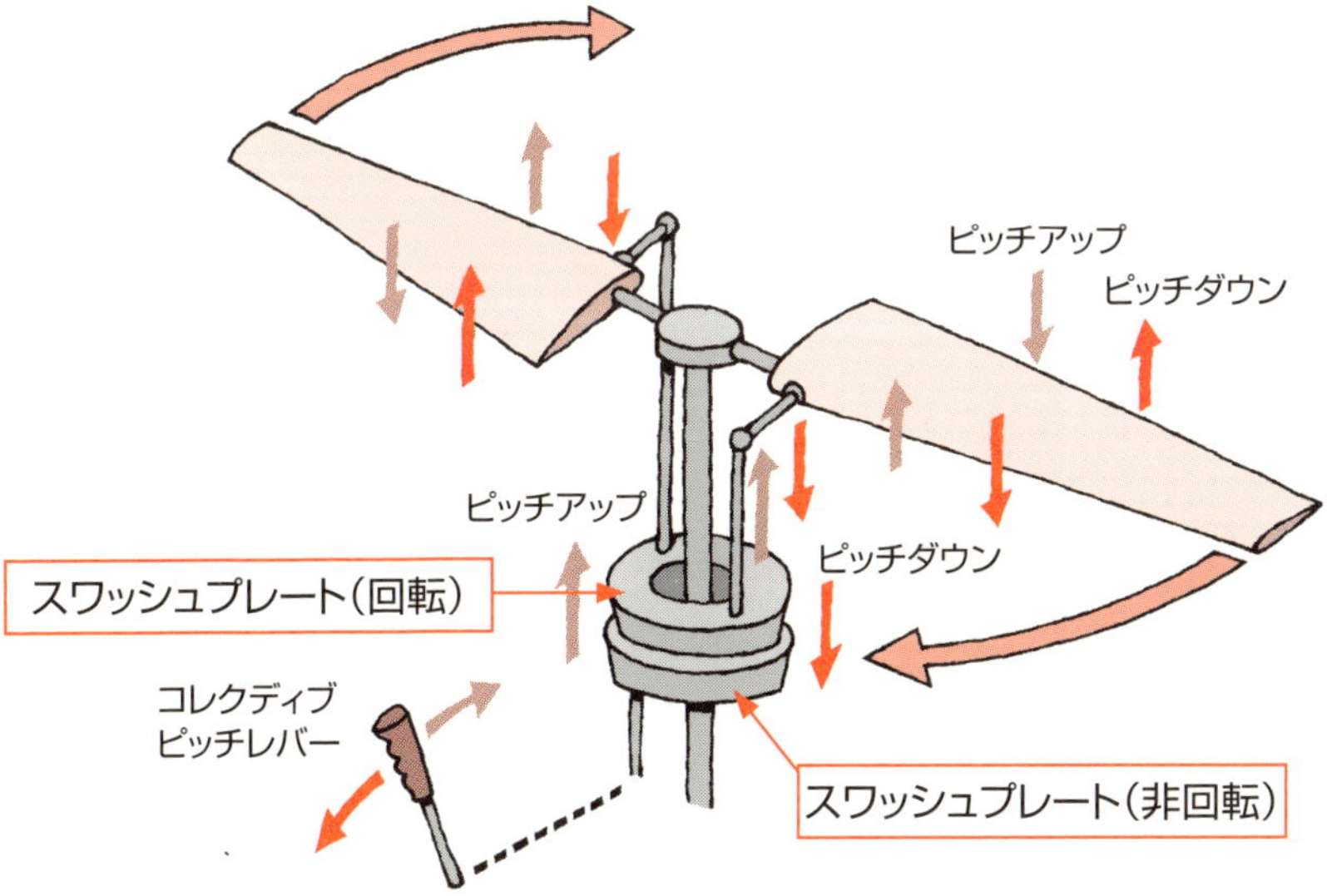

10 マルチコプターの操縦

複数のプロペラを多様に回転させて移動

マルチコプターは回転翼機の一種類に分類されますが、操縦メカニズムはまったく異なります。4つ以上の電動モーターにヘリコプターローターではなくプロペラを直結し、プロペラの回転数を変更することで飛行制御を行います。

プロペラの回転が作る反作用トルク（反トルク）をバランスさせるために半分のプロペラは逆方向に回転させます。すべてのプロペラの回転数を上げる、または下げれば、トルクのバランスは失われないので姿勢を維持したまま上昇、降下が可能です。

前後、左右の移動は機体を前後、左右に傾けることによって可能となります。プロペラの配置によってX型とH型の機体がありますが、基本的には同じで、前方のプロペラ回転数を上げ、後方のプロペラ回転数を下げれば、回転方向が逆であればトルクのバランスは維持でき、上昇力も大きな変化はないので、前後に傾くが姿勢を維持して前方に移動できます。左右は、逆に、右のプロペラ回転数を上げ、左のプロペラ回転数を下げれば、同様に左右に傾くが姿勢を維持して左に移動できます。

機体の向きを変えるには、トルクのバランスを崩すことで達成します。例えば、右に向きを変えるためには、左向きに回転するプロペラの回転数を上げ、右向きに回転するプロペラの回転数を下げます。すると、全体の推力は変わらず、前後、左右のバランスも崩れないので、姿勢を維持しつつ機体はプロペラの反トルクで右に向きを変えることになります。

このように、上下、前後、左右、向きの変更の4自由度をコントロールするために最低4つのプロペラが必要になります。機体を大型化するために、また、モーターやプロペラの故障による信頼性を増すためにプロペラを6つ、8つ搭載する機体もあります。4枚プロペラの機体をクアッドコプター、6枚をヘキサコプター、8枚をオクトコプターと呼ぶこともあります。

要点BOX
- 上下、前後、左右、向きの変更のため最低4つのプロペラが必要
- 回転方向の違うプロペラ

プロペラの回転数の差で移動

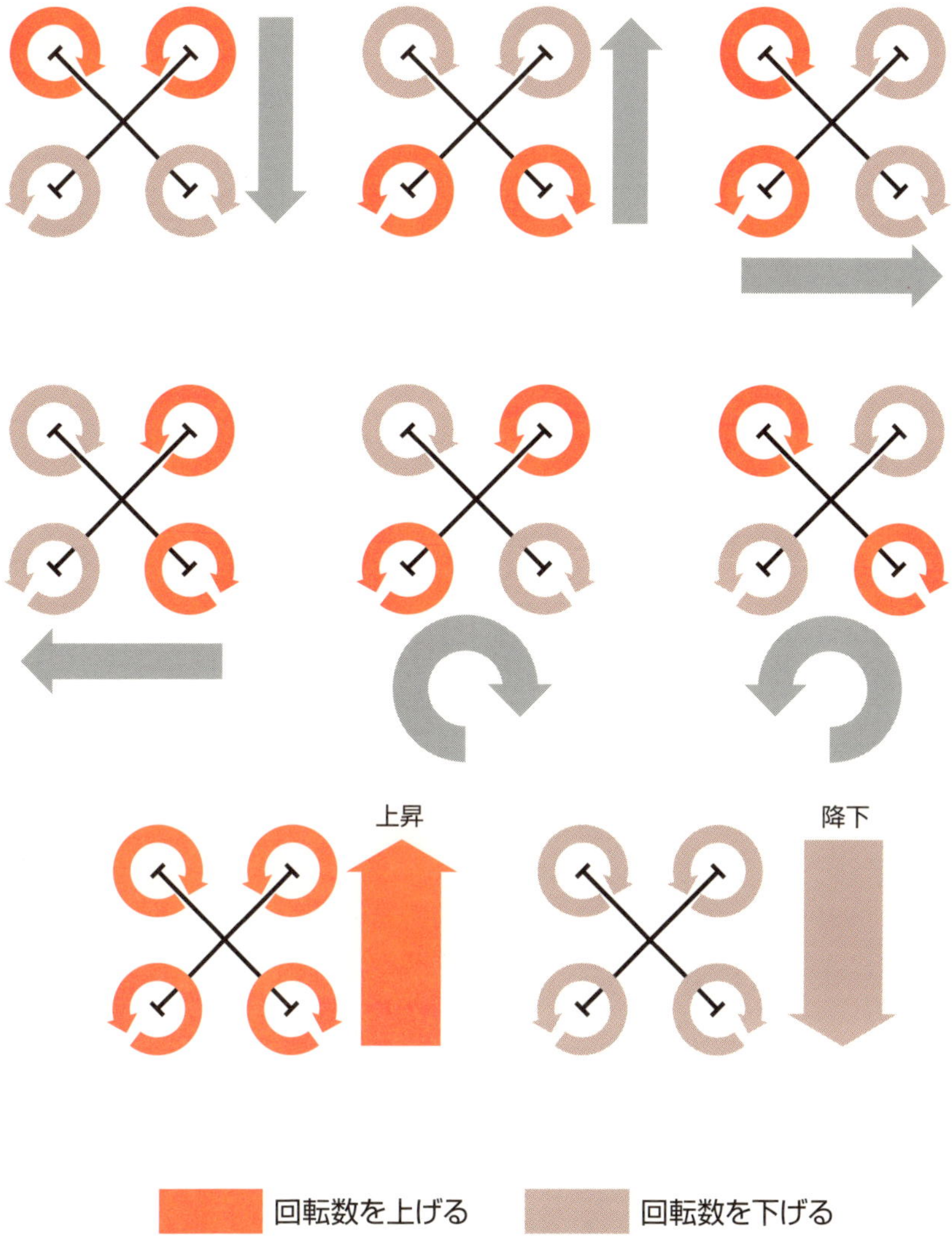

11 ドローンの機構

基本的な遠隔操作用の機器

無人航空機は航空機を遠隔操作、または自動操縦するものですから、航空機に遠隔操作機能を追加したものといえます。自動操縦自身は有人の航空機でも備えるものは存在します。有人機の場合、操縦装置をパイロットが機内で操作しますが、無人航空機では遠隔装置を用いて機体を操縦します。ここまでは、ホビー用のラジコン機と同じであり、操縦用の無線はC2-Link（コマンド・アンド・コントロール・リンク）などと呼ばれます。

業務用の無人機では、操縦者が操作用の信号を送るだけでなく、機体の飛行状態を監視できるように機体からの送信電波を地上で受信できる機能も備えています。さらに、業務用の無人機は何らかのミッションを遂行できるような通信（ペイロード無線）機能も備えています。空撮の場合、カメラ操作信号を地上から送信し、空撮データを機体から地上に送信することができます。軍用機などでは衛星回線を利用してこうした通信を行うことにより目視外で、直接電波の届かない範囲まで飛行させることが可能となっています。

図には典型的な無人機の搭載機器例を示します。遠隔操作の場合は、ラジコン用のコントローラー（プロポ）から操作信号を送り、機体で受信した信号により舵面や、エンジン推力を制御します。自動操縦の場合は、地上のＰＣから飛行経路情報などを機体に送り、機体のＧＰＳ受信機、センサー（加速度計、ジャイロ、気圧高度計、地磁気計など）情報をもとに舵面や、エンジン推力の指令値を機体搭載のコンピューターが出力します。この際、高度や速度などの飛行情報は機体から地上のＰＣに送信され、ＰＣで飛行状態をモニターすることができます。通常プロポからの送信で、遠隔操作と自動操縦を切り替えることが可能です。

要点BOX

- 操縦用の無線はC2-Link
- 自動操縦用には、GPS機器、センサー類などが必要になる

ドローンの搭載機器例

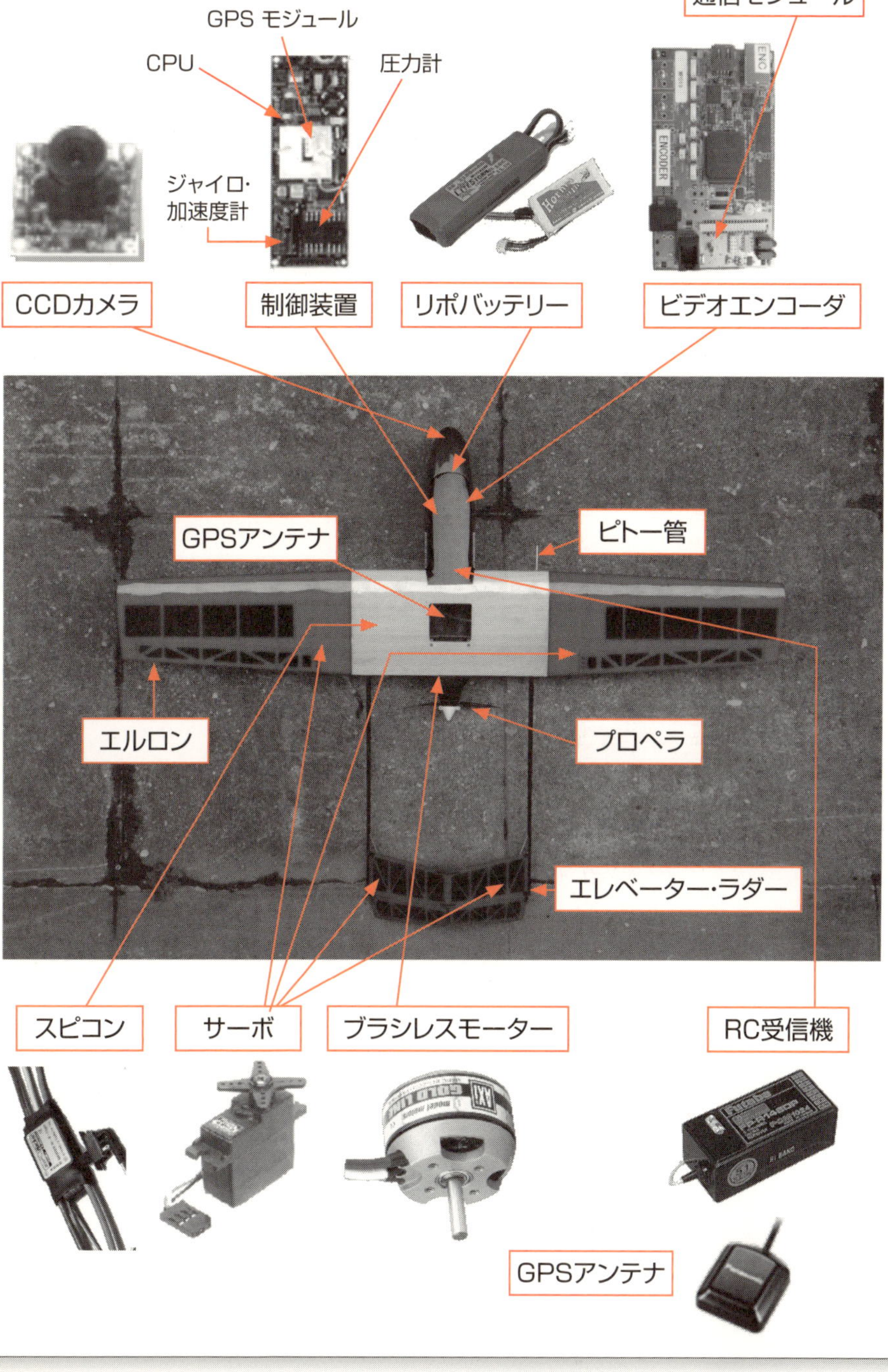

GPS モジュール
CPU
圧力計
ジャイロ・
加速度計
通信モジュール
CCDカメラ
制御装置
リポバッテリー
ビデオエンコーダ
GPSアンテナ
ピトー管
エルロン
プロペラ
エレベーター・ラダー
スピコン
サーボ
ブラシレスモーター
RC受信機
GPSアンテナ

Column

ソーラープレーン

ソーラー発電によって動力を得る無人機はソーラープレーンと呼ばれ研究開発が進められています。太陽電池と燃料電池を搭載するNASAの「ヘリオス」は、無人航空機として2001年8月13日、高度9万6863フィート（2万9511ｍ）を達成し、プロペラ機としての高度記録を作り、ソーラープレーンの可能性を実証しました。「ヘリオス」自身は、2003年6月26日にハワイ沖に墜落し、その後の開発は停滞しています。

民間では、グーグルが、ソーラープレーンの開発を行う「タイタン・エアロスペース」を買収し、長期間成層圏を滞空する機体の開発とサービスの提供を検討しています。グーグルの発表では、高度2万ｍの成層圏を5年程度飛行し続けることが可能な「大気圏衛星」と位置付け、ネット接続サービスを可能にするという壮大な計画です。フェイスブックも同様な計画を発表していますが、現在での無人ソーラープレーンの連続飛行記録は、英キネティック社の「ゼファー」が、2010年7月9日の離陸から336時間22分（14日と22分）の飛行を行ったものです。

無人機ではなく、有人機でもソーラープレーンの開発が行われおり、スイスで進行中のプロジェクト「ソーラー・インパルス」が有名です。同プロジェクトは有人ソーラープレーンの世界一周飛行を目標とし、2009年のプロトタイプ機の飛行以来、実験を重ね、2号機（HB-SIB）は、2015年3月9日にアブダビを出発し、2016年7月26日に世界一周を達成しました。同機は、翼幅72ｍとジェット旅客機に匹敵する大きさであり、太陽電池を17248個搭載し、633kgのリチウムイオンバッテリーを搭載しています。コックピットは与圧され、高度1200ｍで巡航が可能になっています。軽量の電池が開発されれば、今後、複座にして無人着陸世界一周飛行が期待できます。

NASAヘリオス

第3章 ドローンの要素技術

12 プロポの仕組み

遠隔操作により、ドローンに指令を与えるのがプロポ

空中を飛行するドローンを遠隔で操作するためには、電波や赤外線により指令信号を送る必要があります。玩具用の小さなドローンでは一部赤外線を用いるものもありますが、ほとんどのドローンは電波を用いています。電波の周波数は、昔は空用のラジコンは82MHzの電波が使われていましたが、最近は、2・4GHzが使われるようになっています。200mくらいが電波の届く範囲になりますが、周囲の環境によって、変化するので注意が必要です。

ドローンに送る信号は、玩具用には一部ゼロと1のオンオフ信号で前後左右スロットル回転の操作をするものもありますが、通常前後左右スロットル回転やスロットルにそれぞれ数十段階程度の段階で指令ができるようになっています。これにより、半分だけ右とか、スロットルを60%に絞るなど、なめらかで細かい指令ができるようになります。特に、操作するスティックの動かす量を半分にすると、指令値も半分になるというように、動かす量と指令値が比例していることから、プロポーショナル（proportional：比例した）なコントローラーということで、略してプロポと呼ばれるようになっています。

最近のドローンは、スティックの指令が速度指令値となっている機種が増えています。例えば、スロットルの場合、上下スティックは、通常一番下に倒されていて、上に動かせばローターの回転が上がり上昇し、下に動かせばローターの回転が下がり降下します。ところが、速度指令値型ドローンの場合、右スティックは中心に立った状態が初期状態で、上に倒せば、ドローンに上向きの、下に倒せば下向きの速度が出ます。ドローンの場合、ローターの回転を誤って止めてしまうと姿勢制御力まで失うため墜落しますが、速度指令型ドローンのローターはどのポジションでも飛行中に回転が止まることはないため、誤ってローターを止めてしまうミスを防いでいます。

要点BOX

- ●最近のプロポの電波は2.4GHz
- ●電波の混信には要注意
- ●スティックには数種モードがある

プロポのスティック

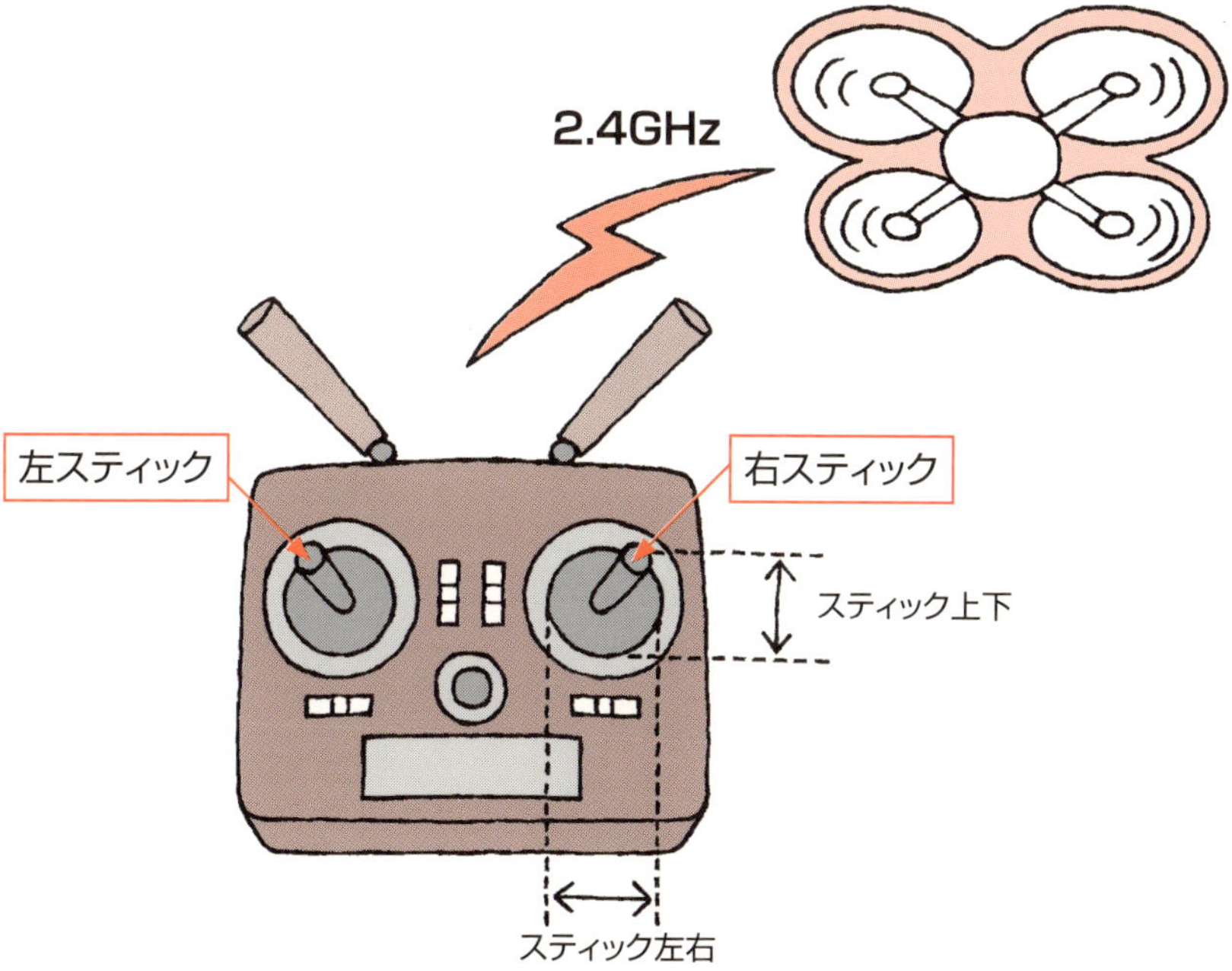

【モード1】	スティック上下	スティック左右
左スティック	ピッチ(前進後退)	ラダー(ヨー回転)
右スティック	スロットル(上下)	ロール(左進右進)

【モード2】	スティック上下	スティック左右
左スティック	スロットル(上下)	ラダー(ヨー回転)
右スティック	ピッチ(前進後退)	ロール(左進右進)

【モード3】	スティック上下	スティック左右
左スティック	ピッチ(前進後退)	ロール(左進右進)
右スティック	スロットル(上下)	ラダー(ヨー回転)

【モード4】	スティック上下	スティック左右
左スティック	スロットル(上下)	ロール(左進右進)
右スティック	ピッチ(前進後退)	ラダー(ヨー回転)

13 受信機の仕組み

プロポから電波で遠隔操作、指令を受け取るのが受信機

地上の操縦者が持つプロポから、空中を飛行するドローンに、電波によって遠隔で指令が伝えられるが、その電波を受け取るのが受信機です。玩具用の小さなドローンでは一部赤外線を用いる受光型受信機もありますが、ほとんどのドローンは電波を用いた電波受信機です。電波受信機なので、電波の周波数は決められていて、昔は空用のラジコンは82MHzの電波が使われていましたが、最近は、2・4GHzが使われるようになっています。だいたい200mくらいが電波の届く範囲になりますが、周囲の環境によって、変化するので注意が必要です。電波を用いた受信機なので、アンテナがあります。

最近は、ダイバーシティアンテナが多く、アンテナが2本となっています。ドローンは移動しながら通信するため、地上の障害物などに反射して同じ電波が時間差を持って到達したり干渉したりします。後者はマルチパスと呼ばれよく耳にする現象です。この対策として、2本のアンテナを使って、受信状態の良い方の電波を採用したり2本のアンテナからの電波を合成したりする方法がダイバーシティという方法です。

ダイバーシティには、アンテナの距離を離す空間ダイバーシティ、アンテナを設置する方向を変える偏波ダイバーシティ、タイミングをずらす時間ダイバーシティなどがあります。なので、ダイバーシティアンテナは、通常、2本のアンテナの距離を離して、90度方向を変えて設置します。

受信機にとって厄介な問題が混信です。昔の82MHzの周波数の電波を使用していた時代は、バンドごとに電波を出す人を送信機のアンテナの先に付けた旗で区別し管理して、混信を防いでいました。しかし、現在の2・4GHzの周波数の電波を使用した受信機は、周波数ホッピング技術を使用しているので、ホッピングパターンの数分の受信なら同時に混信せずに使用することができます。

要点BOX
- ●電波の混信には要注意
- ●ダイバーシティアンテナで、電波干渉を軽減

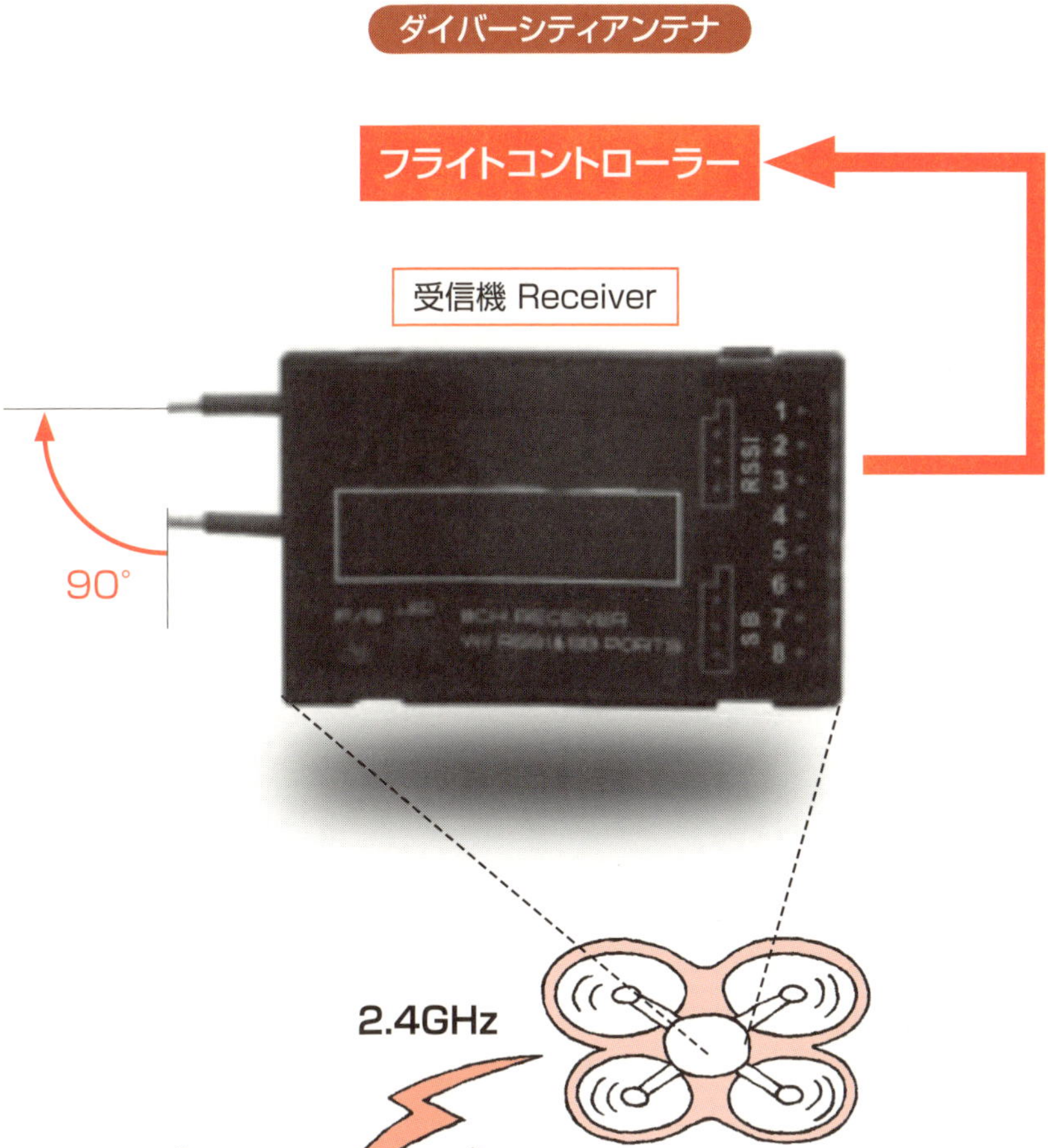

受信機は、プロポからの信号が乗った電波を受信し、各チャンネルの信号に振り分けた後、各チャンネルの信号をフライトコントローラーに送る役割をしています。

最近では、シリアル通信によりすべてのチャンネル分の信号をフライトコントローラーに送れるものもあります。

14 モーターの仕組み

小型高出力のモーター

モーターには、ブラシDCモーター、ブラシレスDCモーター、ACモーター、ステッピングモーター、超音波モーターなどの種類がありますが、ドローンに使用されているモーターは、ほとんどブラシレスDCモーターです。ブラシレスDCモーターは、使う側から見ると、ブラシDCモーターのトルクと回転数の特性はそのままに、整流子とブラシを不要にしたモーターなので、使いやすく広くドローンに使用されています。磁界用永久磁石を外側の回転する部分に配置したタイプが主流となっています。ドローンの実現は、小型高出力になったモーターの発達も一因で、その立役者がネオジム磁石です。ネオジム磁石は、非常に強力な磁力があり、磁束密度が高い割に鉄を多く含むため安価な磁石です。鉄を多く含むために、通常ニッケルメッキなどで防錆コーティングされています。

ネオジム磁石は、比較的安価でドローンのモーターには最適ですが、温度上昇による磁力減少である熱減磁が大きいことと、磁力が消えてしまうキュリー温度が約310℃付近と、どの磁石よりも温度が低い点に注意が必要です。特にこの熱減磁は、フェライト磁石のように少し暖まると磁力が増加する特性とは逆で、120℃くらいには磁力の減少が見られるようになるため、ドローンの長時間の飛行には、熱ダレのような症状として現れるため注意が必要です。

このため、ドローンの飛行経験が豊富な人は、よくドローンが着陸するたびに、ドローンのモーターを触って温度を見たりします。このほかにも、同じスロットル指令値で同じ高度が維持できなくなってきたら、モーターの熱減磁が原因の可能性がありますので、一旦着陸させてモーターを冷却するなどの対処が必要です。

モーターは冷却のために、コイルとネオジム磁石の間に風が通りやすくする大きな開口部を設けているデザインのものが多くあります。

要点BOX
- ●ネオジム磁石の消磁温度は310℃
- ●ネオジム磁石は120℃くらいから始まる熱減磁には要注意

ネオジム磁石を用いたモーター

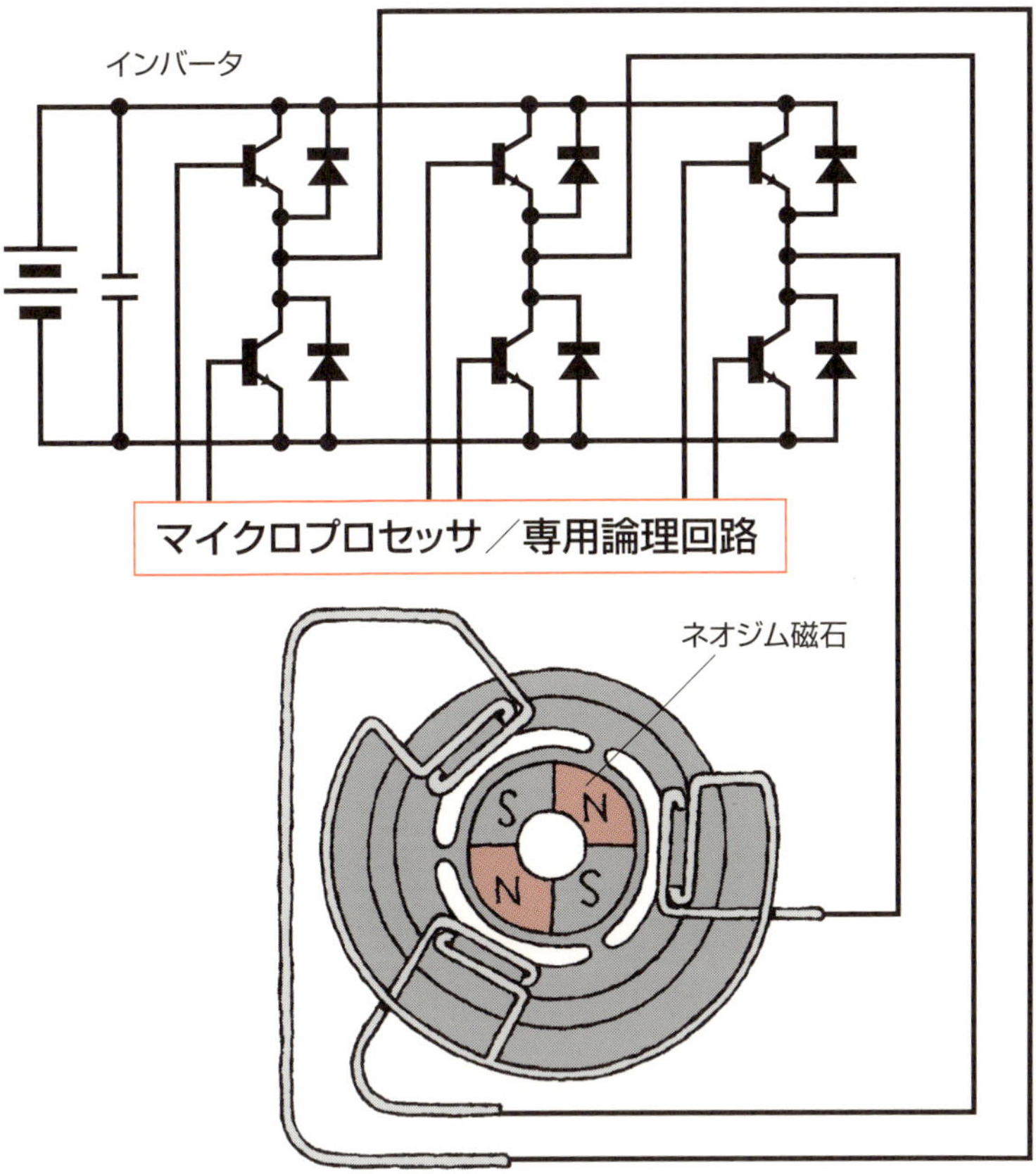

モーターのコイルに巻かれたコイル線。絶縁被覆膜を傷つけないように注意が必要です。

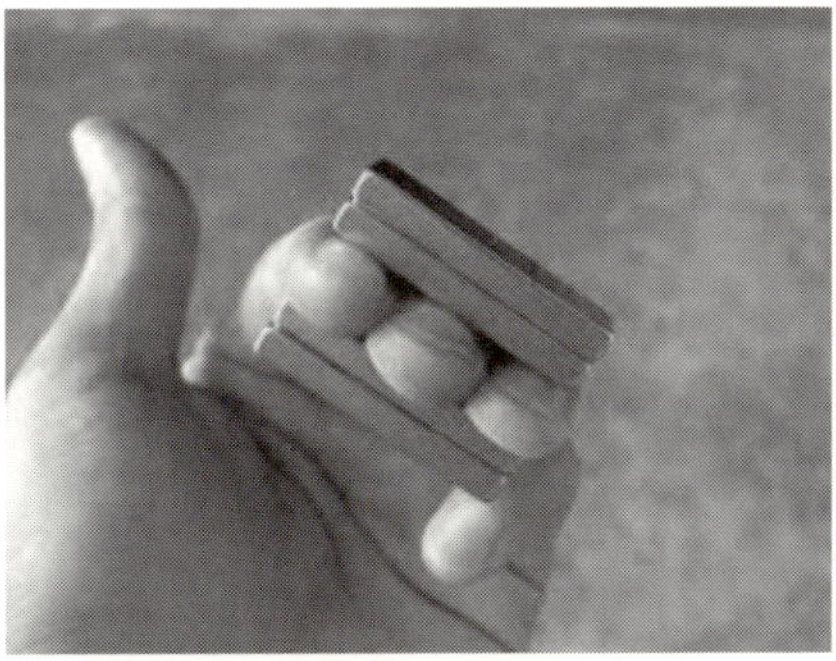

強力な磁力を持つネオジム磁石ですが、高温に弱いので注意が必要です。

15 プロペラの仕組み

プロペラのピッチで推力が決まる

航空機に使うプロペラには、固定ピッチプロペラと可変ピッチプロペラの2種類に分類することがあります。固定ピッチプロペラは、推力を変化させる手段が回転数しかなく、速度依存性は大きいのですが、構造がシンプルで丈夫で信頼性を確保しやすい利点があります。可変ピッチプロペラは、回転数が一定でも、推力を瞬時に変化させることが可能なため、回転数が瞬時に変えられないエンジンを動力とする場合や、速度域が高速域に伸びる場合などに重宝されてきました。

現在のほとんどのドローンは回転数が瞬時に変えられる電動モーターを使用しているので、使われているプロペラのほとんどが、固定ピッチプロペラです。固定ピッチプロペラの性能の目安は、プロペラの直径とピッチです。15×5などとプロペラに書かれているものがそれです。この場合、プロペラの直径が15インチ、381㎜で、1回転する間に5インチ127㎜進むプロペラになります。一般的に、マルチローター型のドローンのプロペラは、ピッチが浅く、ストール（失速）が起きにくくなっています。カーボンファイバー複合材のプロペラは軽くて高剛性ですが、割れたときはバラバラに飛散するので、注意が必要です。

マルチローター型のドローンは、反転トルクを打ち消すために、交互に回転方向の異なるプロペラを4角形、6角形、8角形状に配置します。このため、プロペラには反時計回転用と時計回転用の2種類があります。

ヨー軸回りにドローンの機体を回転させるときは、この反時計回転と時計回転の回転数の割合を変化させて、その際に生じる反転トルクで機体を回転させます。このため、プロペラが発生する推力によってコントロールされているピッチ軸やロール軸運動や上昇運動と比較すると、制御力が小さくなります。

要点BOX
- マルチローター用プロペラはピッチが浅い
- カーボンファイバー複合材のプロペラは取扱いに注意

プロペラのピッチ

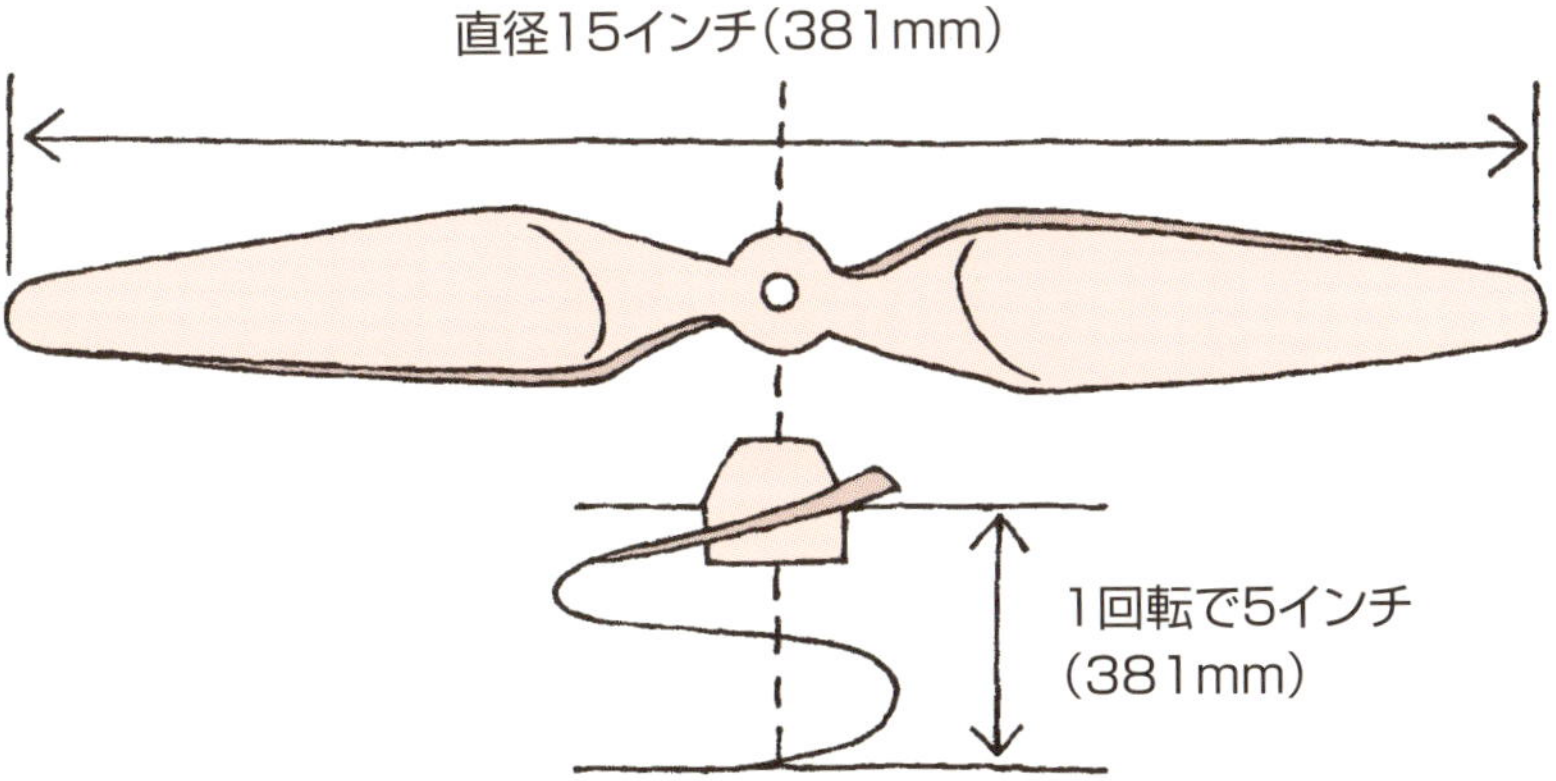

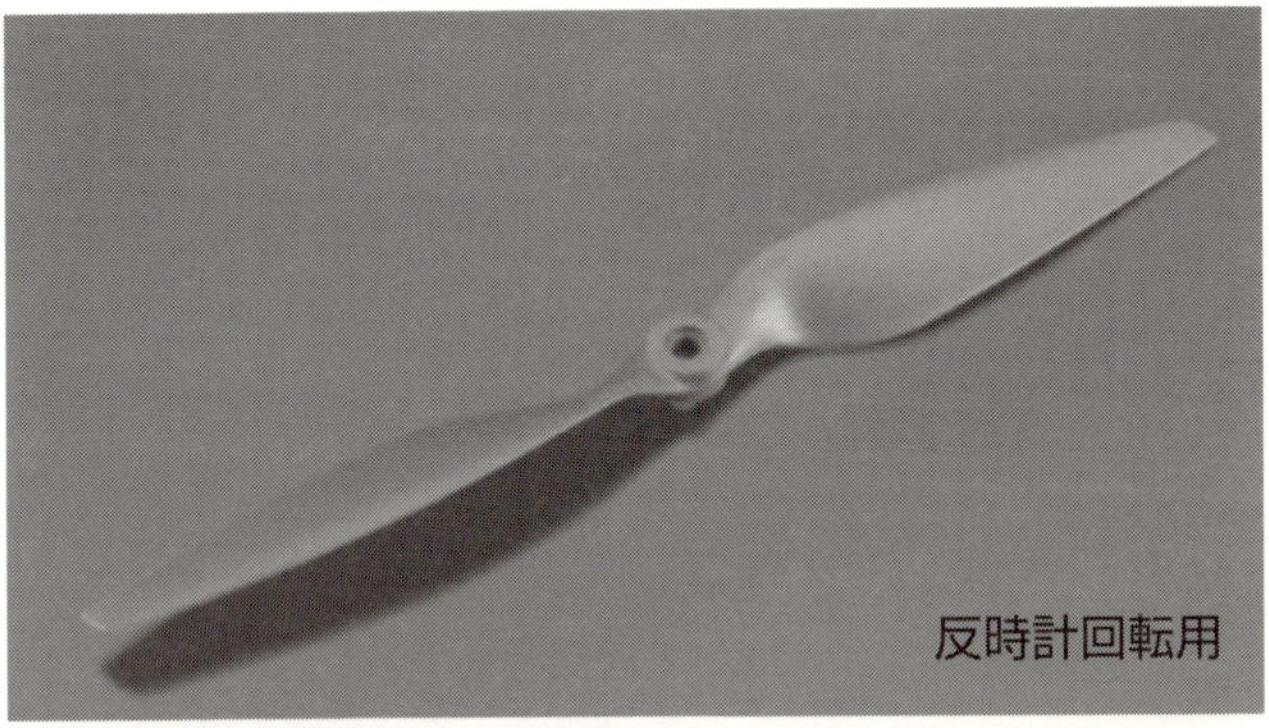

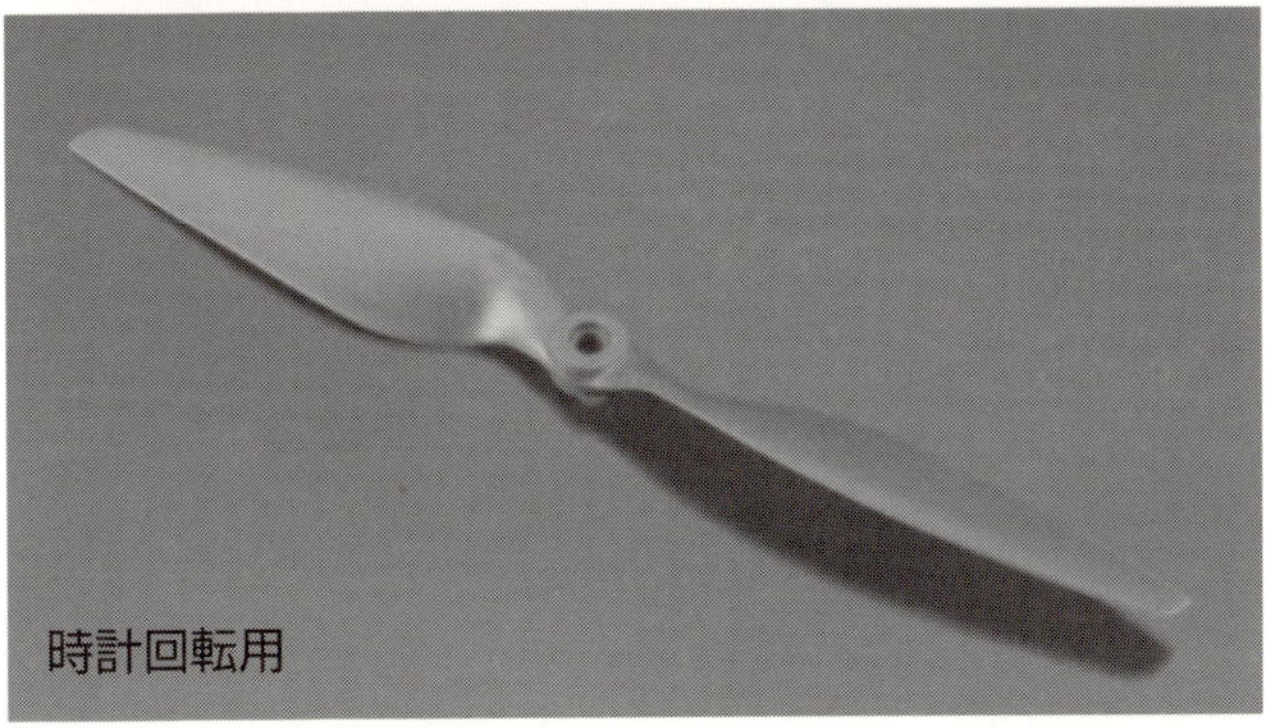

反時計回転用と時計回転用のプロペラを比較すると、羽の傾きの方向が逆になっていることがわかります。ドローンに取り付けるときは、間違いないように注意しましょう。

16 バッテリーの仕組み

ドローンに必要な電力のエネルギー源

今のドローンが、まだまだ飛行時間が短いという短所があると言われながらも、利用され始めているのは、10～20分近くの飛行時間が、リチウムポリマーバッテリーによってもたらされた効果が大きいからです。リチウムポリマーバッテリーの特徴は、小型・軽量であり、1セル当たり3・7Vと高い起電力があり、大容量、高エネルギー密度である点が挙げられます。また、ニッカドバッテリーのようなメモリー効果がありませんので、継ぎ足し充電が可能です。

一方、製造工程の自動化が困難なため製造コストが高く、価格も高いうえに、過充電や過放電、衝撃等により発熱、発火の恐れがあります。また、大きな充放電電流が取れる反面、短絡時のジュール熱が大きく発火しやすい特性があります。

電圧を上げる際に直列にしていますので、バッテリーの電圧は3・7Vの倍数になります。例えば、6個のセルを直列にした6Sバッテリーだと、電圧が22・2Vとなります。リチウムポリマーバッテリーは、一般的にはゲルと液状を区別することなくラミネート形電池と総称されていて、フィルム層状のため小型軽量です。

ドローンで使用するときの実際の電圧は、フル充電の状態だと1セル当たり4・2V近くにまで達します。6セルだと25・2Vくらいです。そこから安全のため、だいたい23V台の半ばまで使用したら、次のバッテリーに交換します。バッテリーは、化学反応しているので、反応の活性化エネルギーは温度に強く依存します。日本では季節が変わると気温が大きく変化するので、バッテリーが交換に至る時間も大きく変化しますので、注意が必要です。15℃以上の気温が使用条件としているドローンが普通に市販されていたりしますが、日本の冬場は簡単に気温が15℃を下回りますので、バッテリーを冷やさないような工夫が必要です。

要点BOX
- ●小型・軽量のリチウムポリマーバッテリー
- ●過充電・過放電には要注意

リチウムポリマー電池の構造

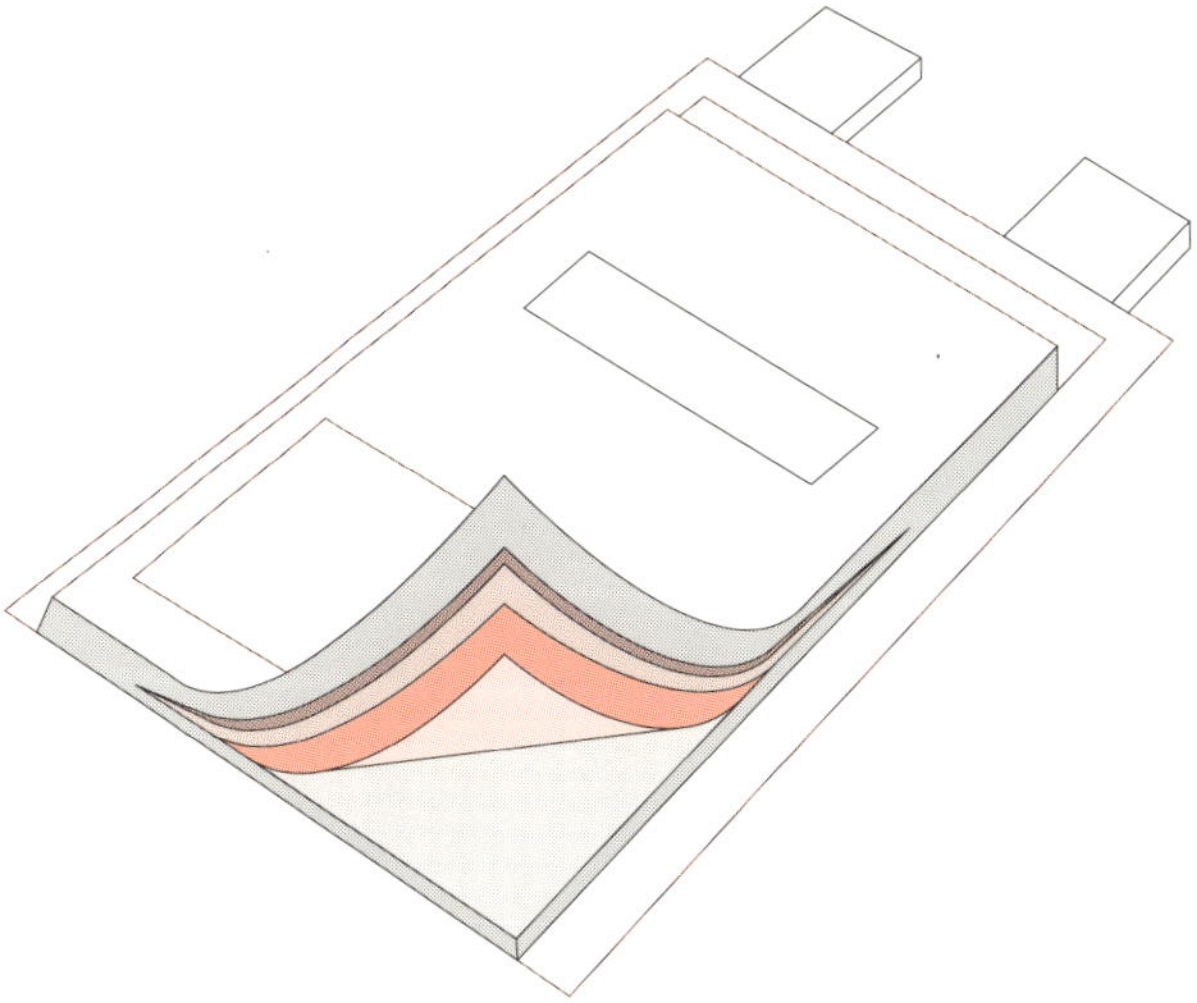

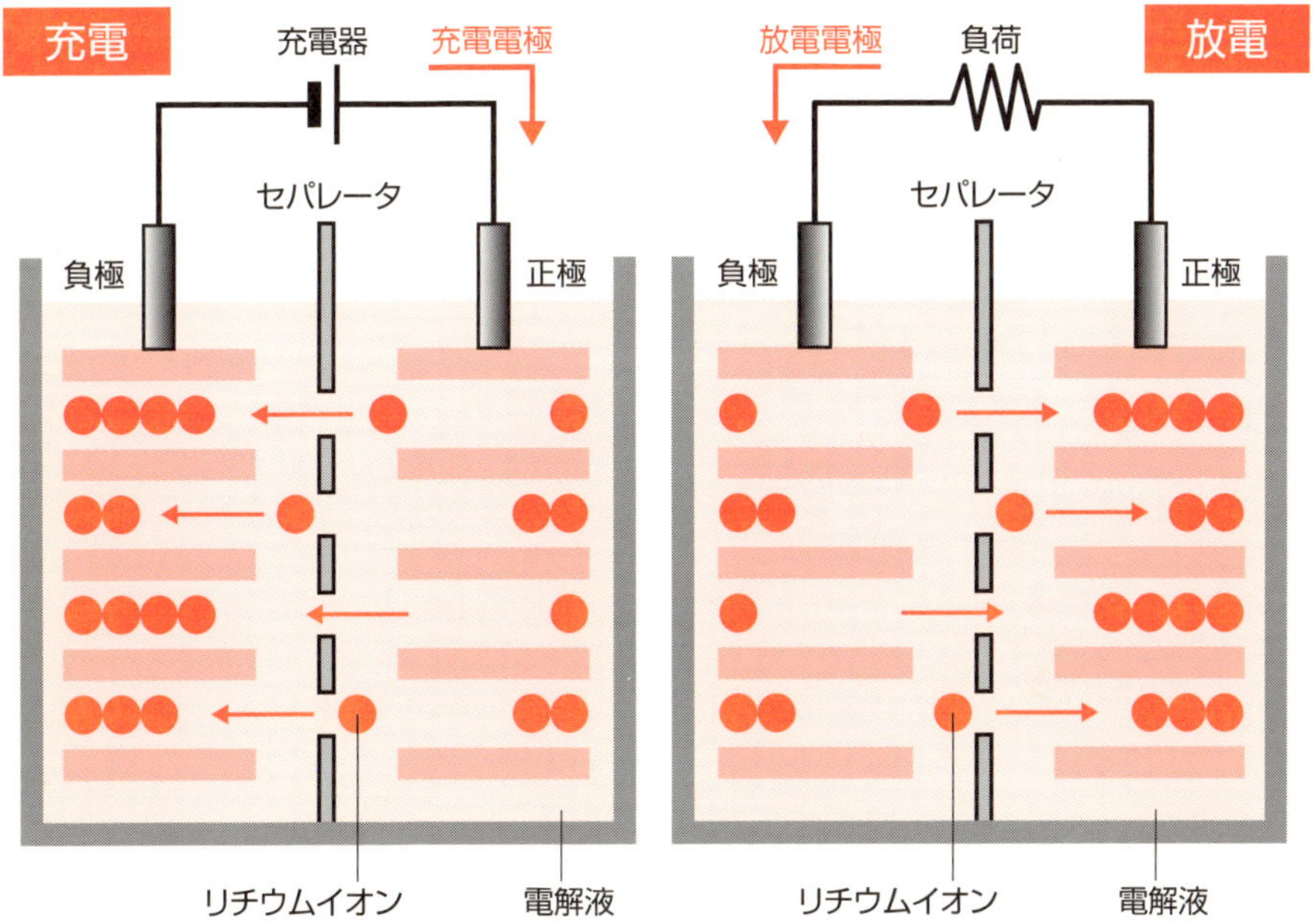

17 有線給電／無線給電

ドローンの飛行時間を拡大するための方策

今のドローンは、リチウムポリマーバッテリーによって10～20分近くの飛行時間がもたらされ、利用が拡大していますが、何時間も飛行する用途では、有線給電による連続飛行や、着陸時の無線給電による継ぎ足し充電により、飛行時間の長時間化が試みられています。

有線給電型ドローンを製品化している海外のメーカーでは、6時間以上の飛行時間を達成しているものもあります。ドローンの有線給電は、初期の頃は大電流を流すための太いケーブルを大きな巻取機で巻き取る方式が試されていましたが、ケーブルの重量が飛行高度にしたがって劇的に増加するため、現在では、細い電線に少ない電流を高電圧で送電するシステムが主流になっています。細い電流に張力をかけないために、絶縁を兼ねたチューブ状の高強度繊維の中に電線を通して張力は外側の高強度繊維のチューブが受け持つ構造をしています。電圧は、海外では1500Vの事例もありますが、市販の電子部品が使えないので、380V付近の電圧で使用するのが現在の主流になっています。自動車から離発着ができるドローンで有線給電が使われたりしています。

また、とぎれとぎれに充電を繰り返して合計飛行時間で長時間飛行とする方式では、迅速な充電方法として、無線給電による充電が用いられたりします。無線給電は、非接触電力伝送とも呼ばれ、すでに、コードレス電話、電気シェーバー、電動歯ブラシなどに使用されていますが、今後はドローンや電気自動車などの比較的大きな電力システムにも適用されようとしています。

有線給電や無線給電によって、ドローンの連続飛行時間が伸びると、モーターの過熱などの新たな問題を引き起こしますので、連続飛行時間の長時間化に伴うモーターの冷却強化などの対処が重要です。

要点BOX
- ●有線給電では高電圧を送電する
- ●長時間の無線給電では素早い充電が必要

有線給電

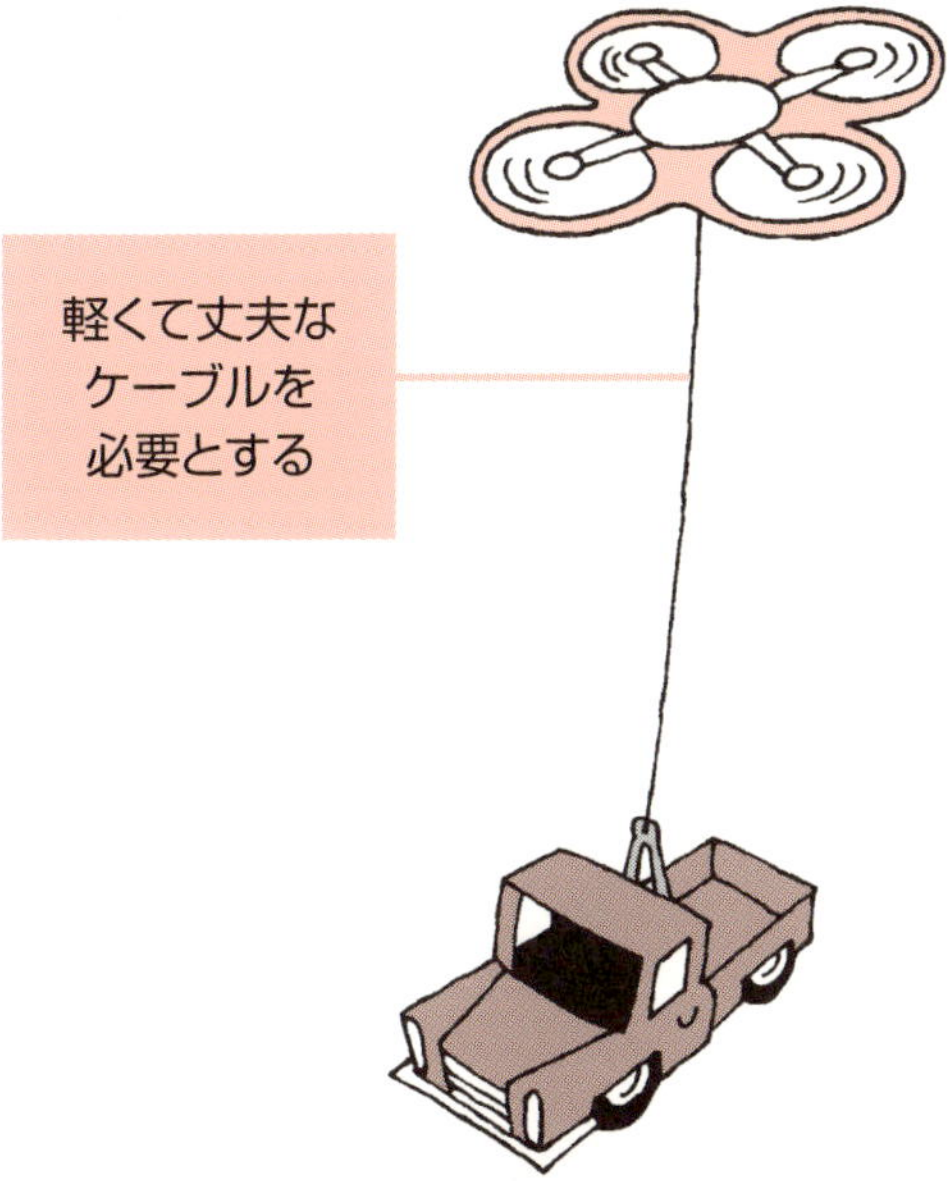

無線給電の充電方式

電磁誘導方式

コイル間の磁束によって生じる起電力を利用

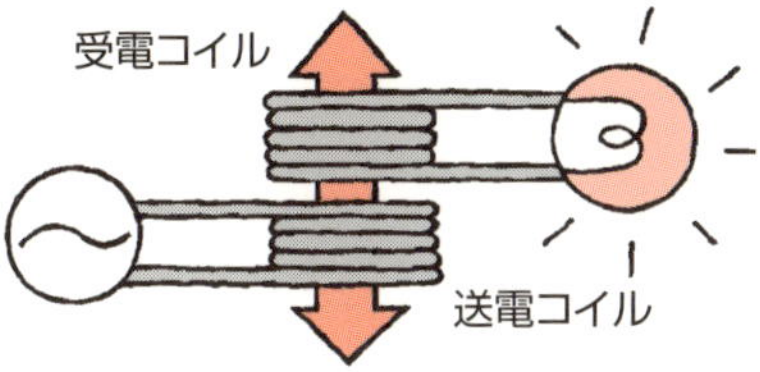

磁界共鳴方式

コイルを共振器として使い磁界の共鳴により電力を伝送

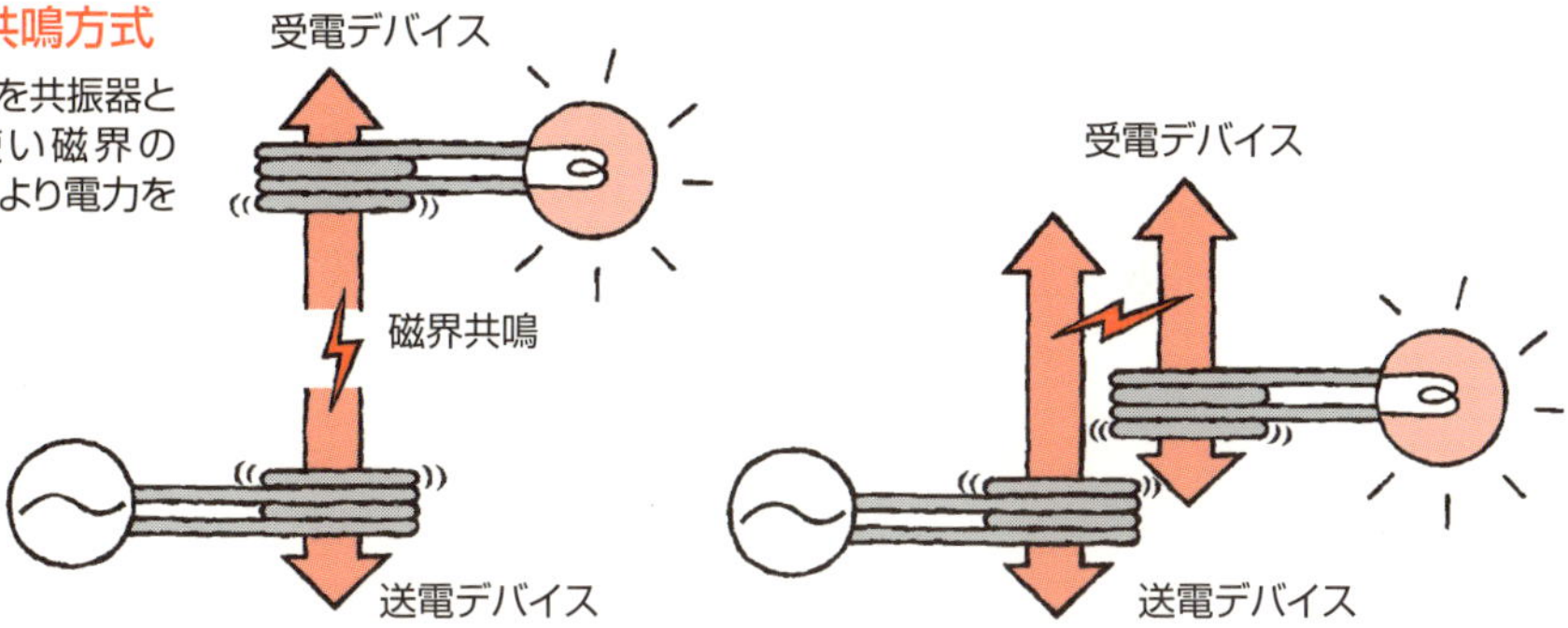

18 スピコンの仕組み

ドローンのモーターを制御

スピコンとは、スピードコントローラーの略で、一般的には、エレクトリックスピードコントローラー、ESCと呼ばれたり、アンプと呼ばれたりもしています。スピコンの役割は、プロポの送信機から送信された操縦者の操作を受信機で受信した後、フライトコントローラーで処理され、適切な出力のモーター出力指令値となった値を読み取って、その通りの電流値をモーターに供給することです。このため、スピコンの入出力構成は、入力側がプラスとマイナスの2本の電力線と、信号線とグランドの2本の信号線となっており、出力側がモーターへの3本の電力供給線となっています。モーターへの3本の電力供給線は、サイクリックになっていて、逆の順番に繋ぐとモーターの回転方向が逆になります。

モーターは、始動時に大きな突入電流が流れるため、モーターの電流値より大きい電流がコントロールできる容量のスピコンを選定することが重要です。また、大容量の電解コンデンサーを使用しているスピコンが多いため、寿命や取扱いは、受信機やフライトコントローラーなどの半導体系の電子部品を用いた機器というよりはバッテリーに近く、比較的寿命が短い傾向にあるので注意が必要です。

手の平に収まるくらいの小さな玩具用ドローンでは、パワーFET1つでスイッチングによるオンオフ波形（PWM波形）により制御されているため、フライトコントローラーと同じ基板の上に実装されていたりしますが、1kgを超える通常のサイズのドローンでは、フライトコントローラー基板とは別に左図のようなスピコンを設置している例が多くあります。これは、スピコンの方が短寿命なため、交換が可能なようにしてあったり、スピコンが熱を持つために、分離して配置した構造になっています。

要点BOX

- ●スピコンの容量は大き目のものを使用しよう
- ●オーバーヒートや極性には注意

スピコンの役割

スピードコントローラー

スピードコントローラーは、フライトコントローラーからの回転速度の指令に応じたモーター電力と電流波形を出力する装置です。

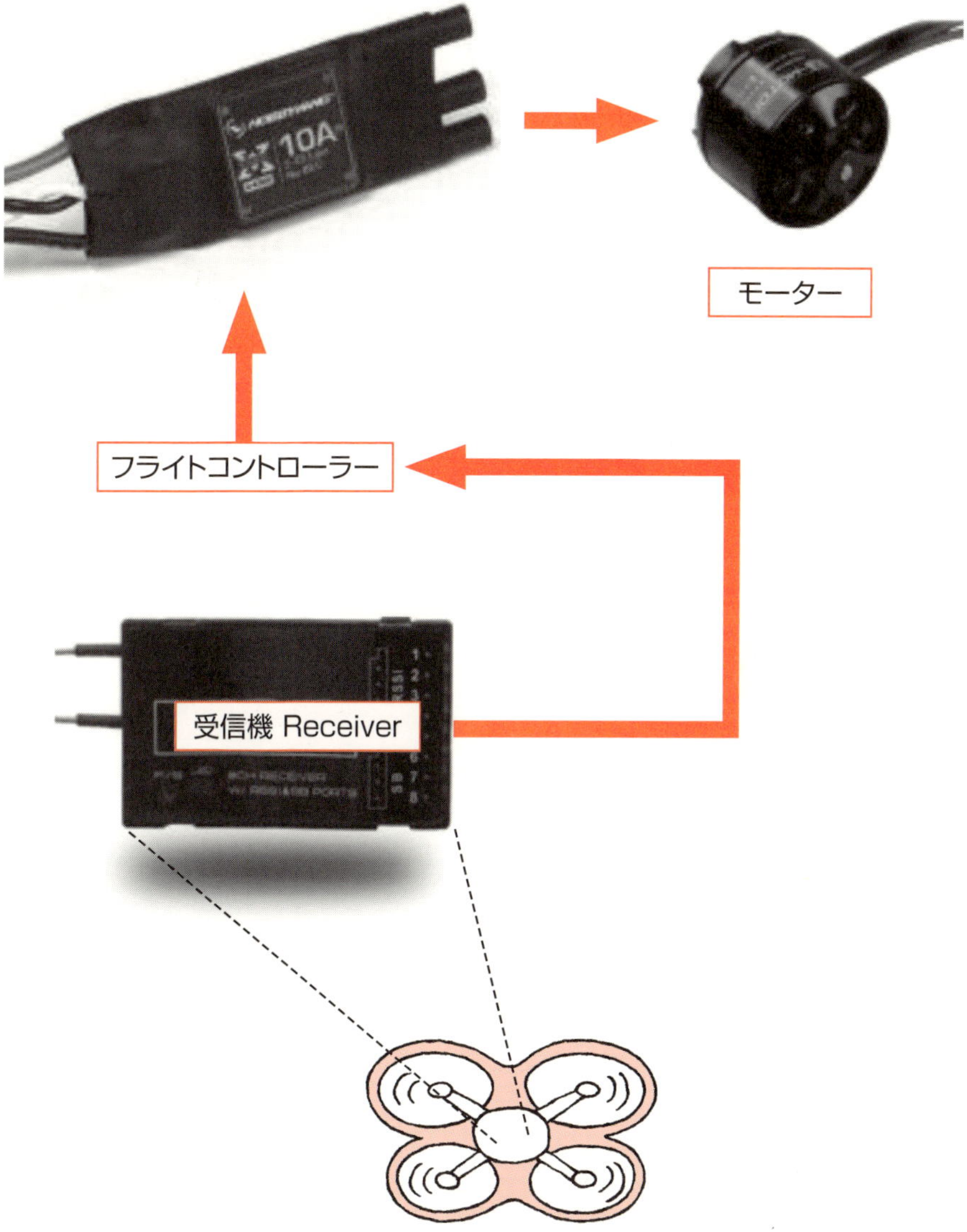

19 フライトコントローラーの仕組み

姿勢安定と航法を司る心臓部

ドローンと呼ばれる無人航空機が現在急速に普及しつつある原因は、姿勢安定と航法を自動化したためです。これによって劇的に扱いやすくなり、特別な訓練を必要としないで飛行させることができるようになりました。その姿勢安定と航法を受け持つのがフライトコントローラーです。

姿勢安定は、操縦者に代わってドローンの姿勢を常に安定な姿勢に保ち続ける制御のことで、フライトコントローラーの重要な役割の一つです。姿勢の状態は、ジャイロセンサや加速度センサにより検知して、ドローンの機体の姿勢の傾きを修正します。小さなドローンでは、大気の外乱で姿勢が傾く速度が速いため、数ミリ秒という速い速度で姿勢を検知し修正しています。最近のドローンはこの検知速度が速いため姿勢安定性が進歩しています。

一方、姿勢だけ安定していても、落ちてくることはないですが、風に流されてドローンはどこかに行ってしまいます。空中では、ツルツルのスケートリンクのようなもので、少し力が加わると、氷の上のようにスーッと流れるように移動していってしまいます。今までは、操縦者が流れていくのを巧みな操縦操作によって防いでいましたが、最近のドローンはGPSロックと呼ばれる位置制御をフライトコントローラーがすることで、流れていくのを防いでいます。GPSを使ってその位置に留まるだけの制御でも位置制御であり、立派な航法なのです。なので、フライトコントローラーには通常GPS受信アンテナが付属しています。

また、GPSによる位置制御が可能になったことで、電波が途切れたり、設定された範囲を越えたりすると、自動的に元の離陸した場所に戻ってくるゴーホーム機能や、定められた位置に留まり続ける位置ロックが可能になり、多くのドローンに搭載されています。

要点BOX

- ●ゴーホームなどの安全機能は要チェック
- ●姿勢安定とGPSによる位置ロックは重要
- ●上昇下降速度制御とスロットル制御

フライトコントローラーの賢い機能

フライトコントローラーには、電波が途切れた場合に元の場所に戻ってくるゴーホーム機能や、何も指令を受けなければ、その場の位置をキープしてホバリングし続けるGPSロックなどの機能を備えたものがあります。

●ゴーホーム機能

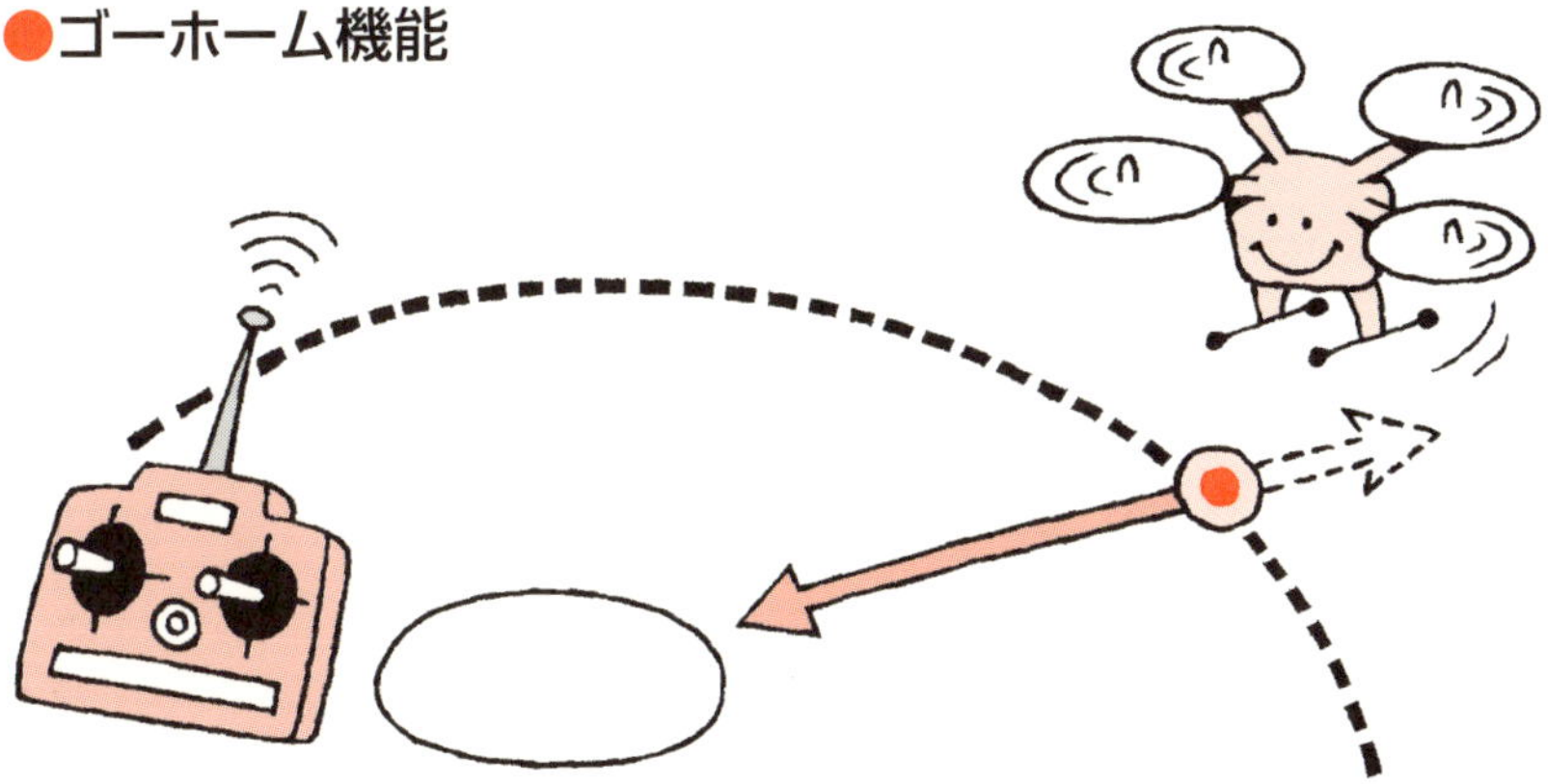

●位置ロック機能

20 機体の構造

ドローンの安全性は、姿勢制御による姿勢安定と、航法による位置的安定性によって確保されています。姿勢を安定させる制御力は、ローターの回転により得られる推力です。また、位置を変化させるための移動も、機体を傾けることにより移動するため、これにも推力が使われます。このため、機体の構造としては、この推力を受け止めて、的確に機体全体に伝えるだけの剛性が必要になります。特に、小さなドローンでは、大気の外乱で姿勢が傾く速度が速く、数ミリ秒という速い速度で姿勢を検知し修正しているため、速い動きでも機体の構造がゆがまないだけの剛性が必要になります。

このため、業務用の大型のドローンでは、フレーム材料にカーボン複合材のパイプを使用しています。カーボン複合材のパイプは、最新の航空機やレーシングカーの材料や、ゴルフのシャフトに使用されていたりしますが、歪みにくく剛性が高くねじれたりしない特徴があります。ドローンも、ローターにより自分の重量以上の推力を発生させて自重を持ち上げるために、その際にフレームが変形します。フレームが変形してしまうと推力の方向が変わってしまい姿勢制御がやりにくくなります。このため、大きなローターによる推力の力が加わっても変形しにくいカーボン複合材が使われるのです。

機体の構造にはメインフレームのほかに、コントローラーやバッテリー、ＧＰＳアンテナを搭載する部分やプロペラガード、離着陸用の脚構造などがあります。コントローラーには、ジャイロセンサや加速度センサなどが搭載されているため、機体の中心に設置する場合が多くあります。また、ＧＰＳアンテナも機体の中心位置とすると便利ですし、重量物のバッテリーは機体の中心に配置したいので、機体の中心部に集中します。このため、機体の中心部の構造は多層構造になっている場合が多くあります。

要点BOX
- 機体には歪みにくく、ねじれにも強いカーボン複合材を使用
- 機体の傷なども飛行前に点検を

機体フレームのコンピュータによる解析

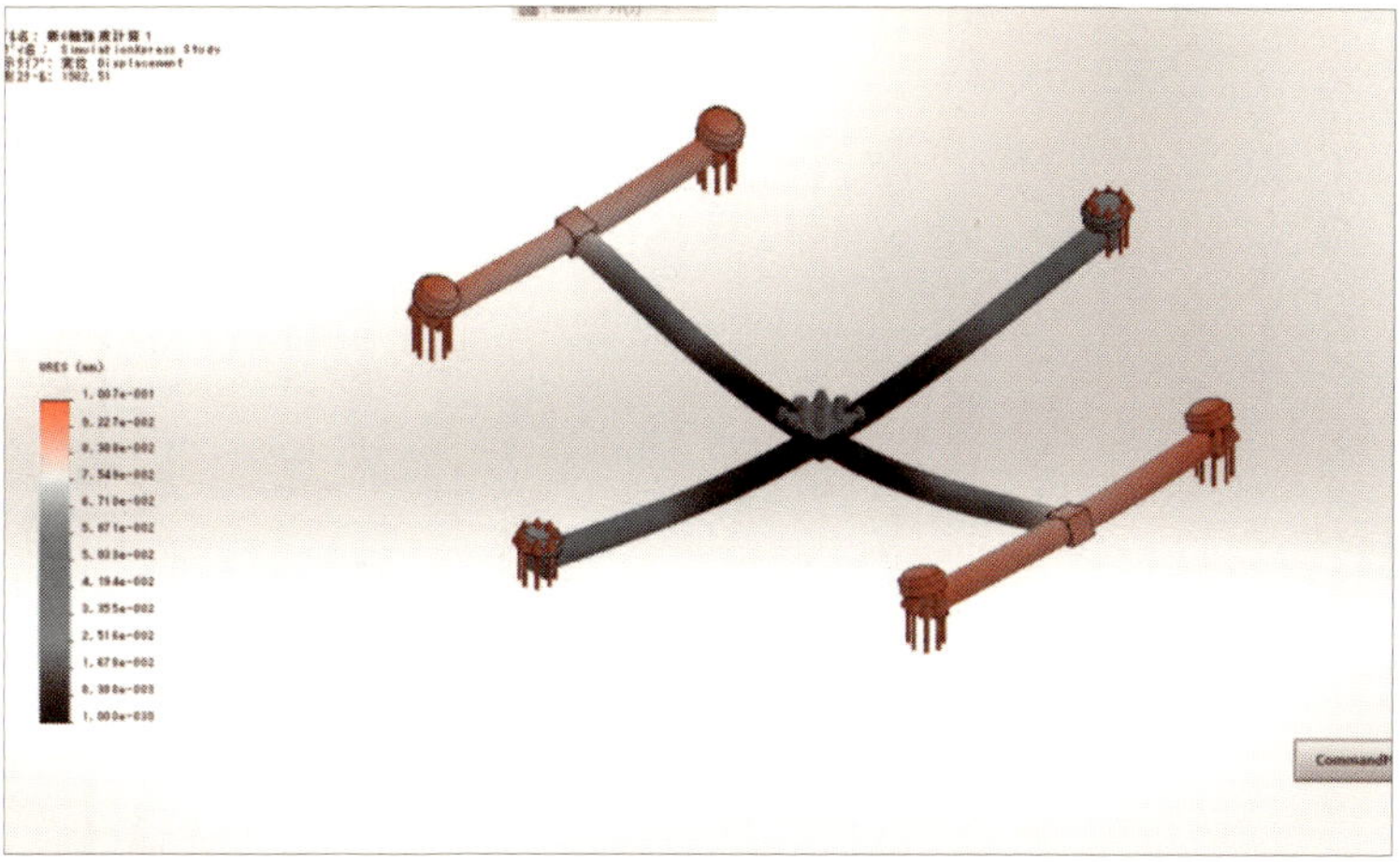

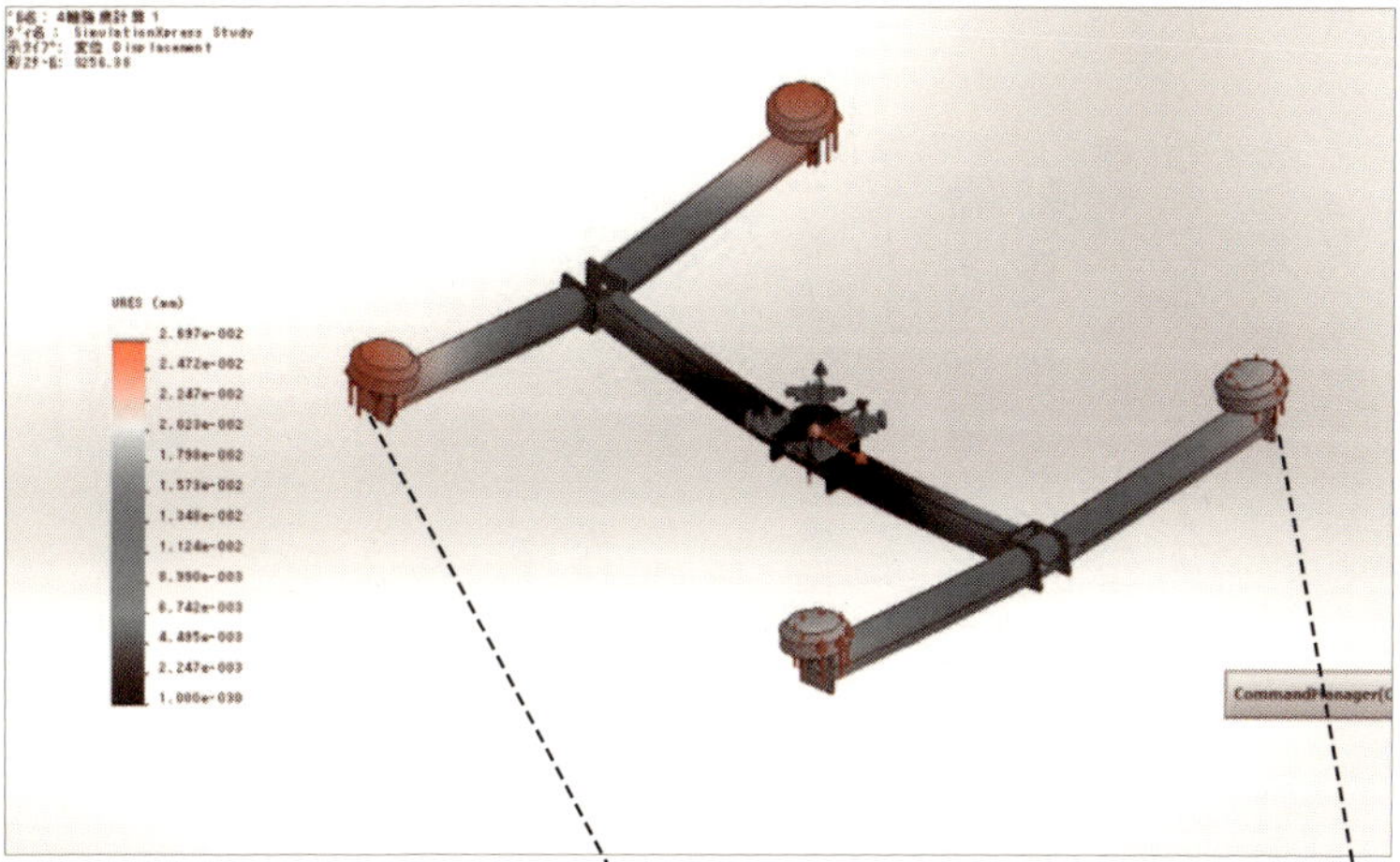

ドローンの機体のフレームには、推力により引っ張り上げられる力と、機体重量により地球に引っ張られる力とにより、たわみ（変形）が生じます。ドローンの姿勢制御には速い応答速度が必要なので、たわみに消費される時間があると制御応答に遅れが生じるため、高い剛性を必要としています。

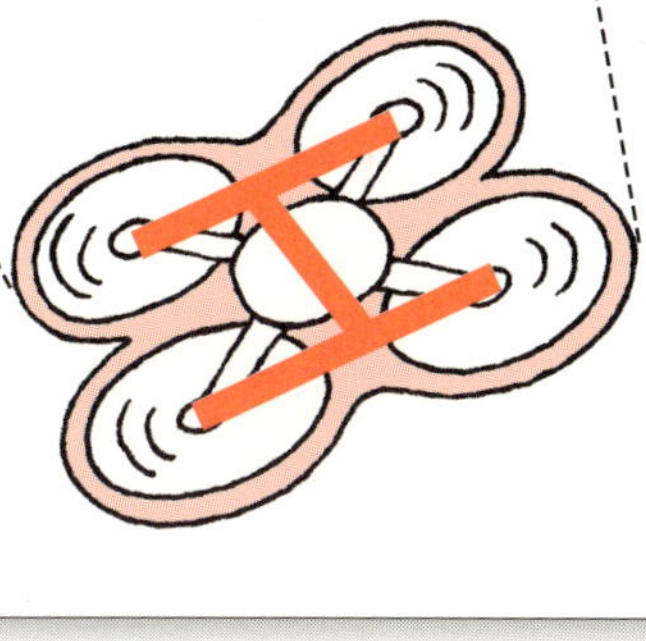

21 ジャイロ、加速度計の役割

ドローンの姿勢を安定化させるために必要なセンサ

ドローンの空中での安定性は、姿勢制御による姿勢安定と、航法による位置的安定性によって確保されていますが、ジャイロと加速度計は、その前者、つまり姿勢制御に主に使用される重要なセンサです。実はジャイロの歴史は古く、1724年には機械式ジャイロの原型が誕生しています。ジャイロの技術はヨーロッパのスペリー一家の家系で代々受け継がれ発達して、1914年には、ローレンス・スペリーにより、航空機の自動姿勢安定に成功しています。

機械式ジャイロの精度限界を超えるジャイロとして、光ファイバージャイロの原理が1960年代に発明され、現在では地球の自転どころか、太陽の周りを回る地球の角速度がわかるほど高精度な光ファイバージャイロが実現しています。

光ファイバージャイロは、ぐるぐる巻いた光ファイバーの両端からレーザー光を入れて、巻いたファイバーが回転すると光路長が変化する原理を利用します。そのため、巻いたファイバーの大きさが必要で小さくするには限界があります。このため、今のドローンには、振動式ジャイロが使われています。MEMS（Micro Electro Mechanical Systems）と呼ばれるシリコンプロセスを用いて半導体で製造されるセンサには、ジャイロセンサのほかに、加速度センサもあります。半導体加工プロセスを利用して微小な電極構造を作り、加速度でその電極が動き電極間の静電容量が変化するのを検知します。

MEMSの振動式ジャイロは、大きなシリコンウェーハに多く作り込んで、ウェーハを割って大量生産するので、低コストで半導体素子並みの信頼性を確保できるために、シリコンプロセスが確立した1985年以降、瞬く間にジャイロセンサの主流となっていきました。それと同時に、ガス式ジャイロなどの低コストであるがほどほどの精度のジャイロはすべて振動式ジャイロに淘汰されて現在に至っています。

要点BOX
- ●ドローンは振動式ジャイロを使用
- ●機械式ジャイロが一番歴史が古い
- ●振動式ジャイロは半導体プロセスで製造

振動式ジャイロの仕組み

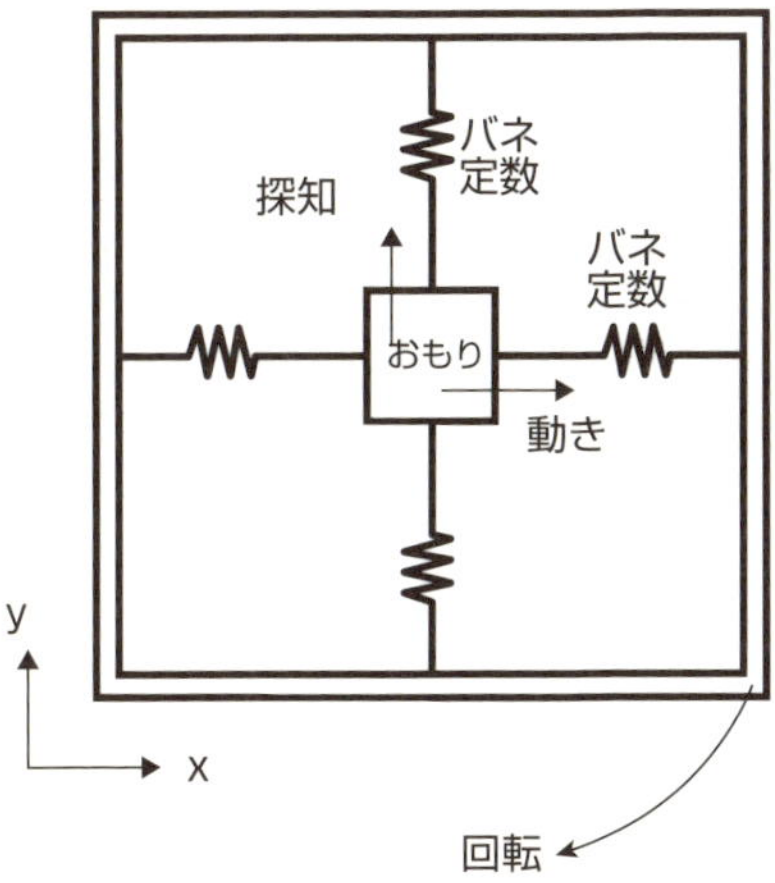

MEMS加速度計の仕組み

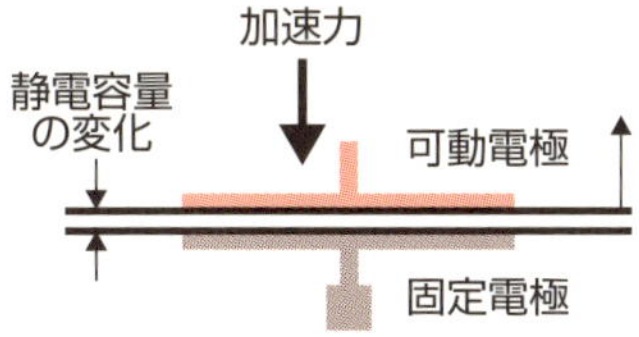

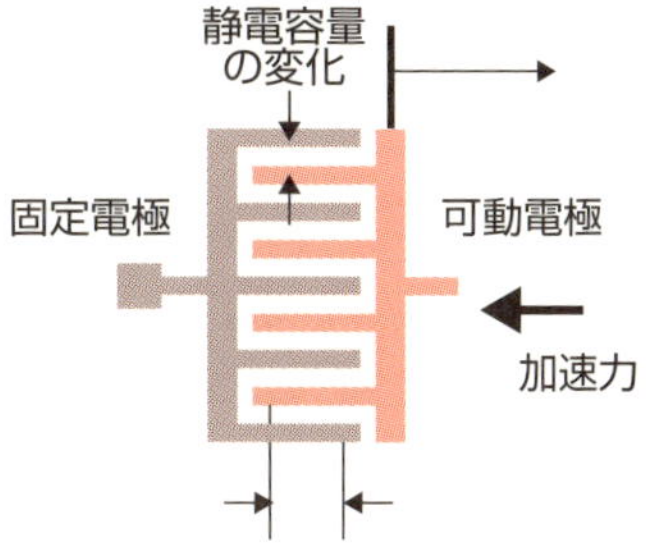

光ファイバージャイロ

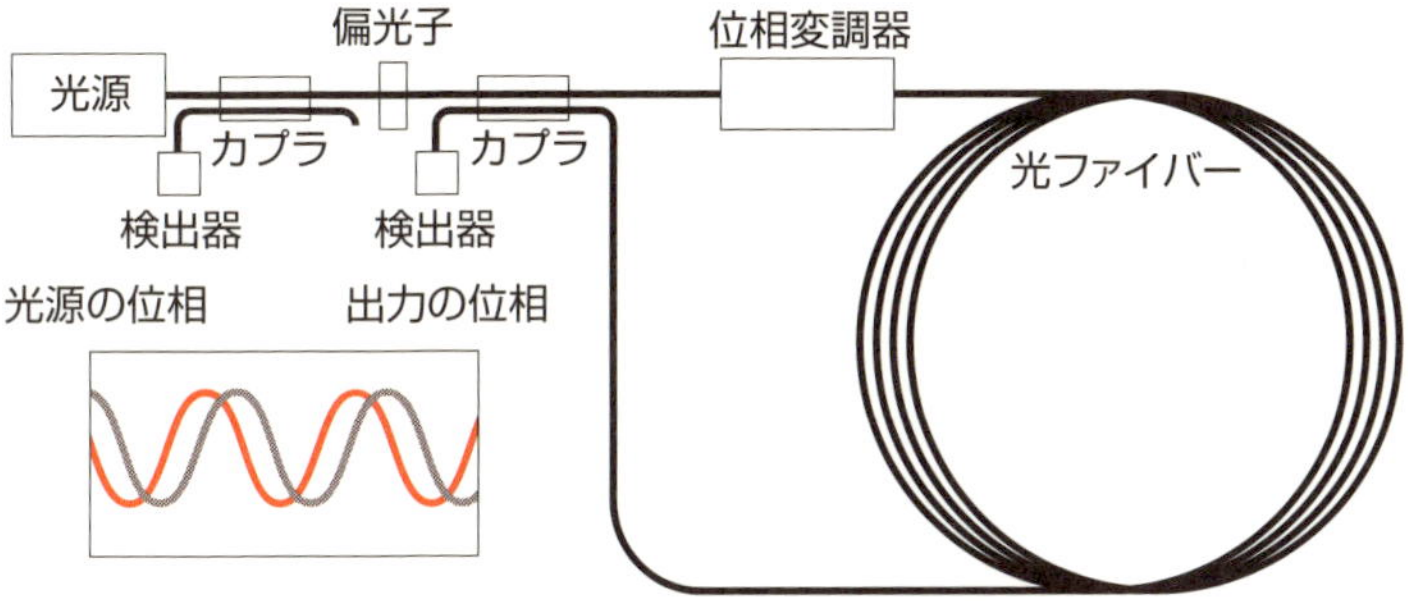

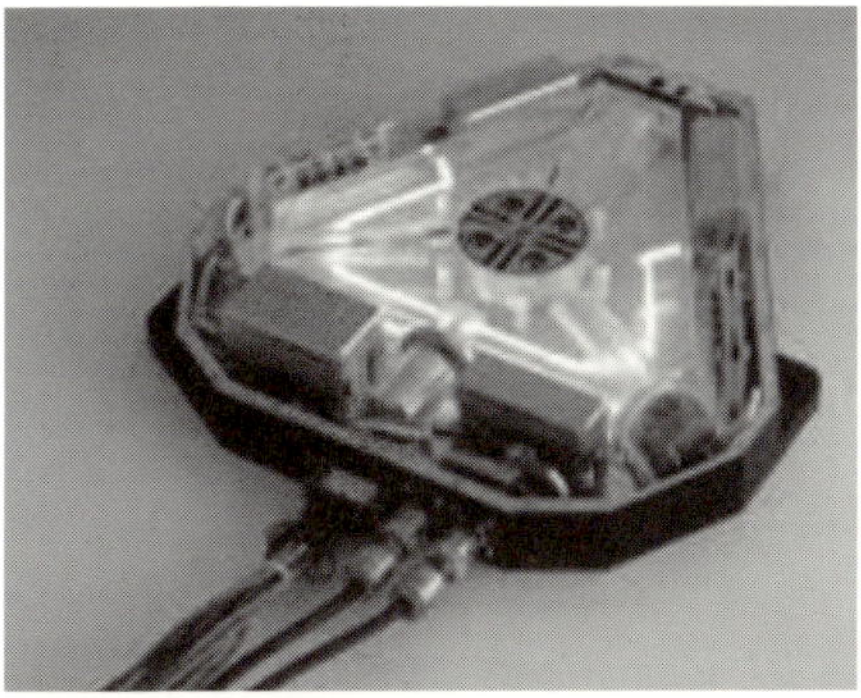

22 コンパスの役割

ドローンの向いている方向を検出するのがコンパス

ドローンの飛行前に、よくドローン操縦者がドローンを持ってグルグル回っている光景を見かけます。あれは、コンパス校正とかコンパスキャリブレーションと呼ばれる光景で、地磁気を検知する磁気センサを搭載するドローンでは、地磁気の強度依存性から方位を最初に割り出すための作業です。

2007年にフランスのアルベール・フェール（Albert Fert）、ドイツのペーター・グリュンベルク（Peter Gruenberg）の両氏は、「巨大磁気抵抗効果（giant magnetoresistance、GMR）発見」の功績を認められ、ノーベル物理学賞を授与されましたが、そのおかげで地磁気を検知するコンパスが2～3㎜程の半導体素子になり、ドローンの制御基板上に実装できるようになりました。GPSでは、ドローンの機体の向きまではわからないので、そこはコンパスの出番です。ただし、鉄筋等の金属が多い場所・施設の近くや、電線・アンテナ等磁場が影響する範囲では、地磁気を上回る磁界により地磁気が検出できなくなる可能性がありますので注意が必要です。

地磁気は場所により強度が変わります。このため、その地磁気の強度値が方位を指すわけではなく、相対的にN極が強い方が北、S極が強い方が南になり、ぐるりと一回転することにより、強度差が現れ、それにより方位の補正ができます。水平面と垂直面で一回転させて磁力の強弱を観測すると、オフセットがわかります。このため、ドローンのコンパス補正では、ドローンを水平面上で一回転させた後、ドローンを縦にして再度水平面上で一回転させてオフセットを補正します。

GPSでは、位置はわかりますが、機体がどの方向を向いているかはホバリング状態ではわかりません。このため、ほとんどのドローンにはコンパスも搭載しています。

要点BOX
- ●GPSではドローンの向きまではわからない
- ●コンパスは、地磁気を検出
- ●コンパスによりドローンの向きがわかる

地磁気を検知

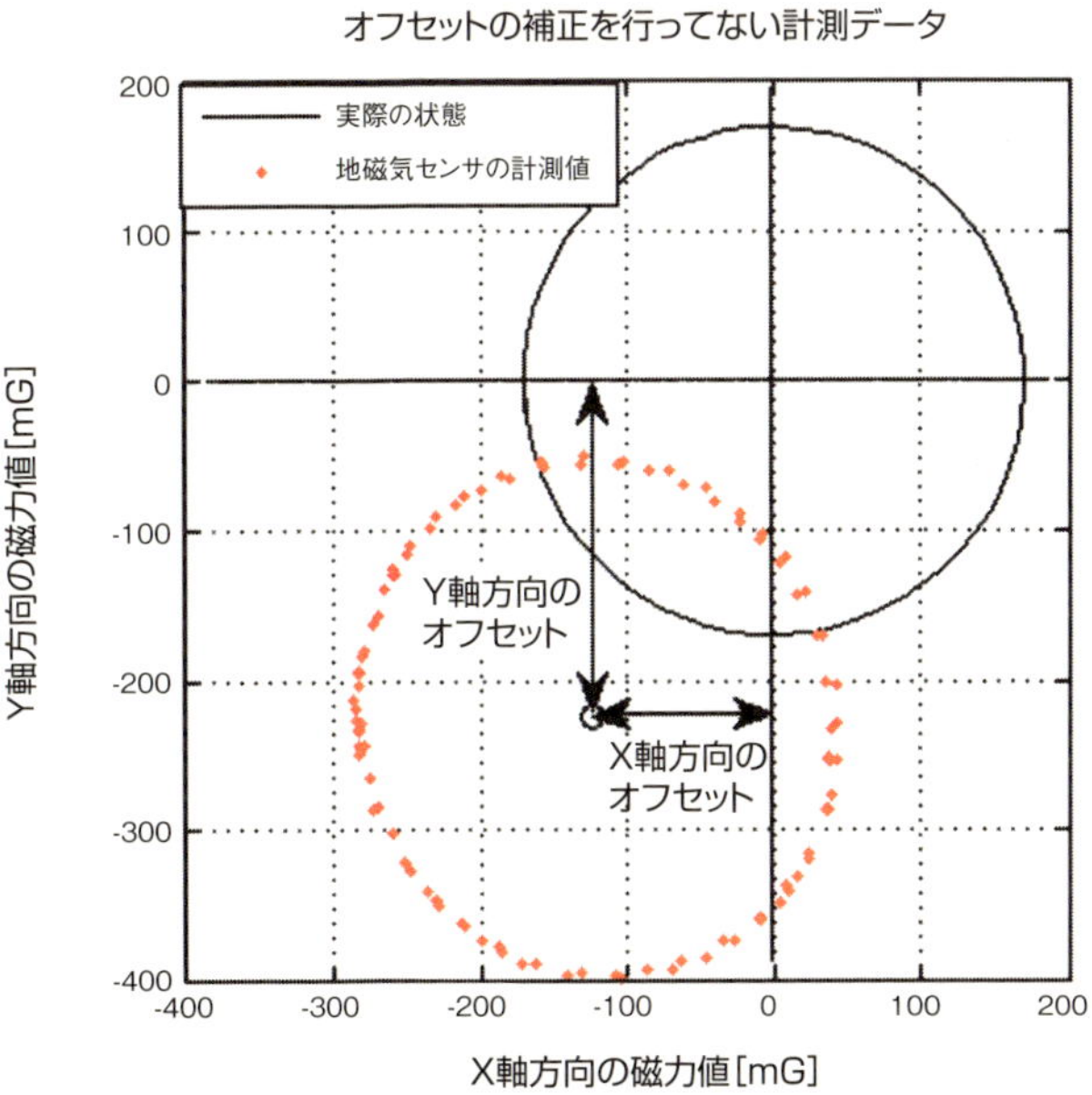

コンパスの例
（寸法4.2×6.2×1.1mm）

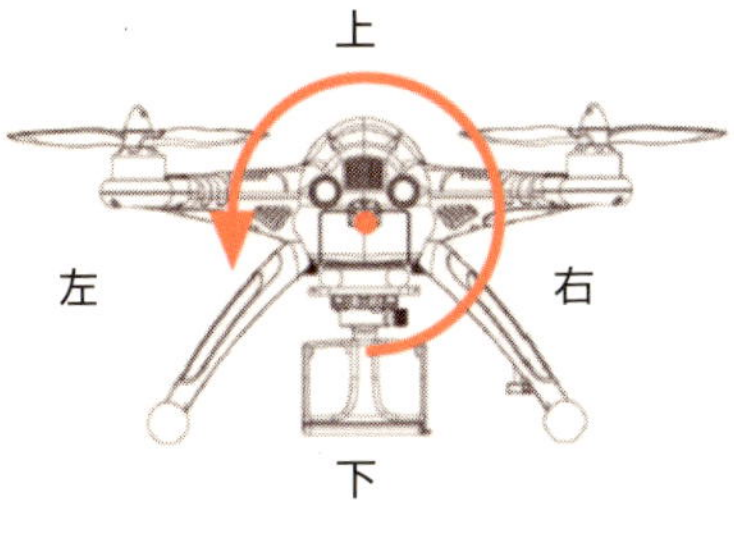

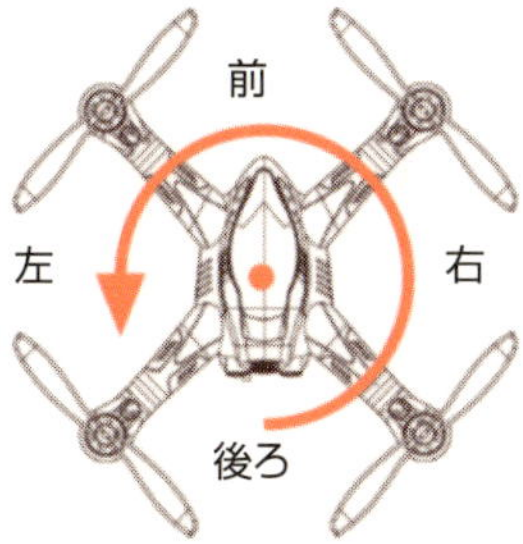

左図は、ドローンを後ろから見た図で、ドローンを縦にしてぐるりと水平面上を一回転させます。右図は、ドローンを上から見た図で、ドローンを通常の水平に置いて、ぐるりと一回転させます。この2つの回転計測値を合成すると、上図になり、上のグラフからオフセットがわかるので、補正して使用します。

23 GPSの役割

ドローンの航法はGPSベースが主流

ドローンの飛行は、姿勢安定と航法の自動化により、安全に扱えるようになり、急激な普及に繋がりました。このドローンの航法を中心的に担うのがGPSです。GPSは、グローバル・ポジショニング・システムの略で、世界中で自分の位置の計測が可能な技術です。1973年から開発が始まり、1978年に最初の衛星が打ち上げられ、1993年12月に米国政府から運用開始が宣言されました。カーナビやスマートフォンにもGPSレシーバーは内臓されていて、地図上に自分の位置を表示させたり、自分の今いる位置の天気予報を表示させたり、さまざまな使い方で使用されている比較的新しい技術です。

GPSでは、緯度経度高度まではわかりますが、ドローンの機体の向きまではわかりません。ただし、進んでいる方向から推定することは可能で、コンパスと組み合わせて使用されます。

建物や構造物、鉄塔等の電波を反射する構造物が多い場所・施設の近くや、電線・アンテナ等電波が影響する場所では、電波の反射や散乱によるマルチパスにより、GPSの位置情報の数値が突然増減したり、かさ上げされたりする現象が起こるので注意が必要です。

現在、日本では準天頂衛星「みちびき」を打ち上げて、地球を8の字に回る軌道に乗せています。これにより、4機〜7機あれば、常に天頂付近にいずれかの衛星がいる状態が実現でき、GPSの補正情報を送信し続けることができて、GPSの精度が数センチメートルになり、ドローンの高精度飛行、高精度離着陸が可能になります。

最近では、米国のGPSだけでなく、ロシアのGLONASS、欧州のGalileo、中国のBeiDouも利用した多周波GNSS（Global Navigation Satellite System）が使われるようになりつつあります。

要点BOX
- ●ドローンの位置制御はGPSがベース
- ●GPSの補正に慣性航法が使われ、補正情報により精度が上がる

順天頂衛星「みちびき」

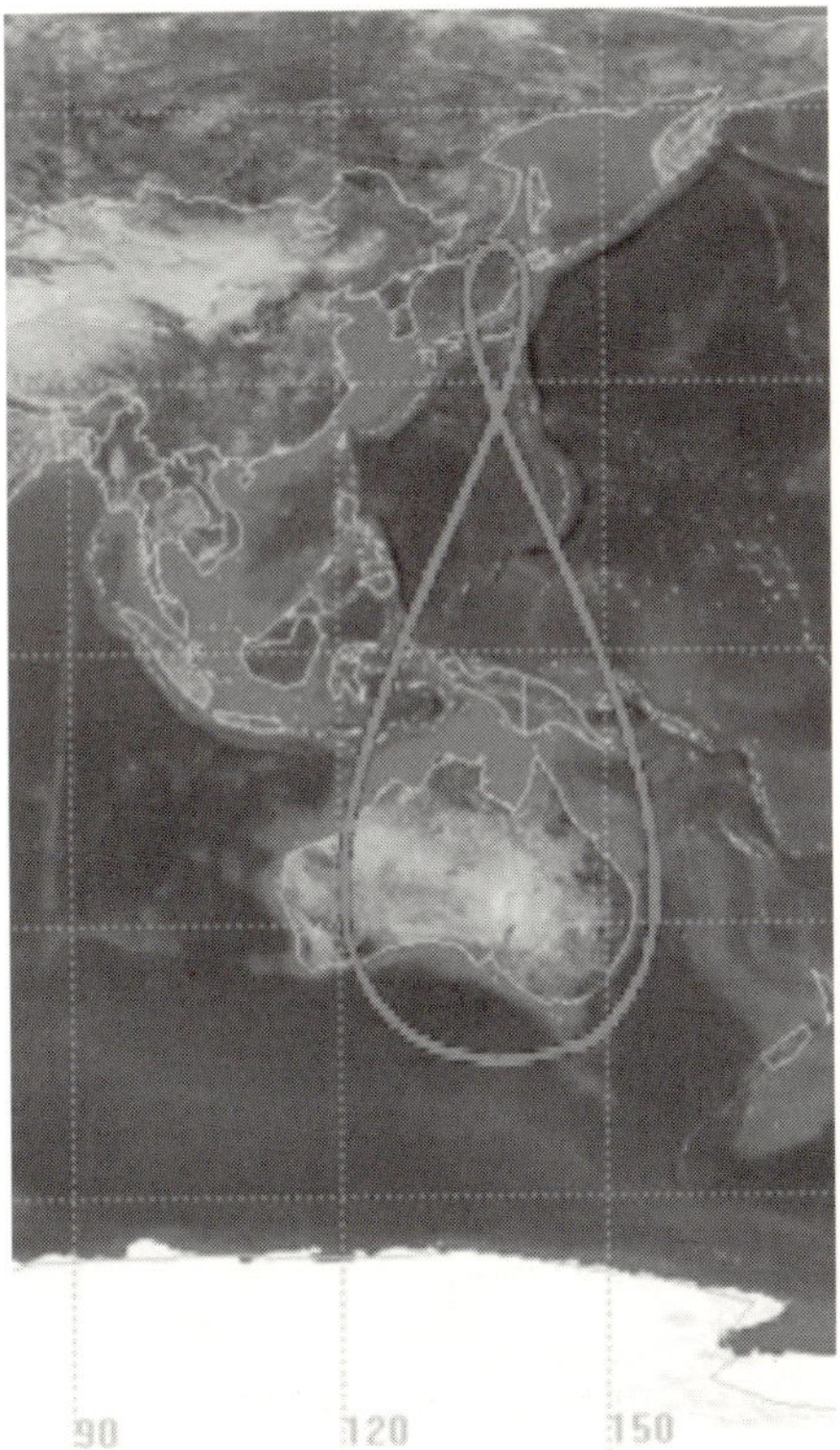

静止衛星だと衛星は常時上空にいるが、日本の緯度では衛星が見える角度が低く、建物や地上構造物、地形にさえぎられることが多いため、準天頂衛星「みちびき」は、8の字を描く変わった軌道で地球を周回することにより、1日の一定時間天頂付近に見えるようになり、地上では準天頂衛星からの信号を受信しやすくなる。

24 高度計の役割

ドローンの高度は、GPSのほかに、高度計で補填されている

ドローンの位置は、GPSにより計測していますが、水平方向の測位精度に比べ、垂直方向の測位精度は、1・5~2倍程度低下するといわれています。このため、精度が要求される着陸の場面や、建物や橋梁、トンネル等の構造物への近接飛行時などでは、GPSだけでなく、気圧高度計やレーザー距離センサ、超音波センサなどを搭載しています。気圧センサは、空気によって加わる圧力が、薄いステンレスやシリコンのダイヤフラムを動かし、それを半導体歪みゲージなどの素子で計測し、電気信号に変換して結果を出力するセンサです。だいたい、10㎝くらいの高さの違いがわかります。超音波センサは、地上との距離によって高度を測定するので、2㎝から4ｍくらいの範囲であれば高度計として利用することができますので、着陸時の距離の確認に利用しているドローンもあります。

また、ドローンにリードをつけて、自動的に巻き取る装置も、送出しているリードの長さが表示されるので、高度計のような使い方ができます。この場合、リードの線に色や模様があると、高度を上げているか、下げているかもリードの動きで確認できて便利です。さらに、急に上空の風速が上がったり変化したりしてドローンが不安定になったときには、リードを引く張力を上げてやると、ドローンは張力に対抗して推力を上げるため、姿勢の制御力となる推力が増加するために姿勢制御が安定化します。いざというときに大変便利な安全機器が高度計の役割も果たしている例です。

また、法規制においても日本では高度150ｍ以上の飛行では許可が必要ですし、海外でもだいたい150ｍか500フィート（152ｍ）の高度で制限がかけられています。このため、高度によってソフトウエアリミットが設けられているドローンが最近多くなっています。

要点BOX
- ●GPSの高度情報の補填を行っている
- ●地上近くでは視覚センサや超音波センサも利用している

小型化された圧力センサ

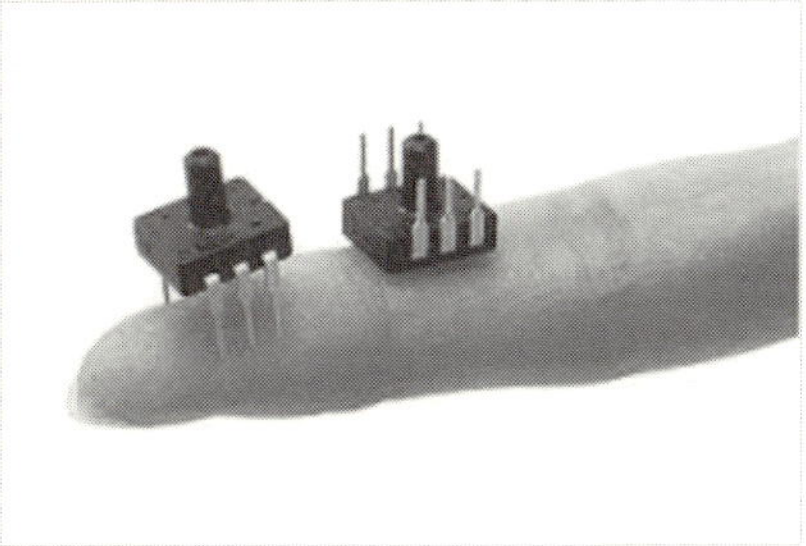

圧力センサの断面図

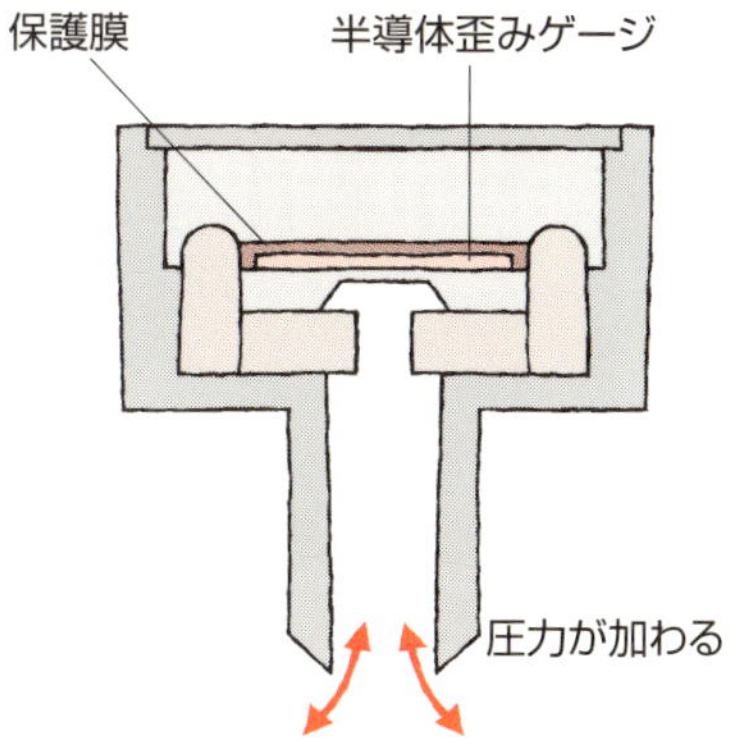

高度計のように使用できるドローン用リードの例

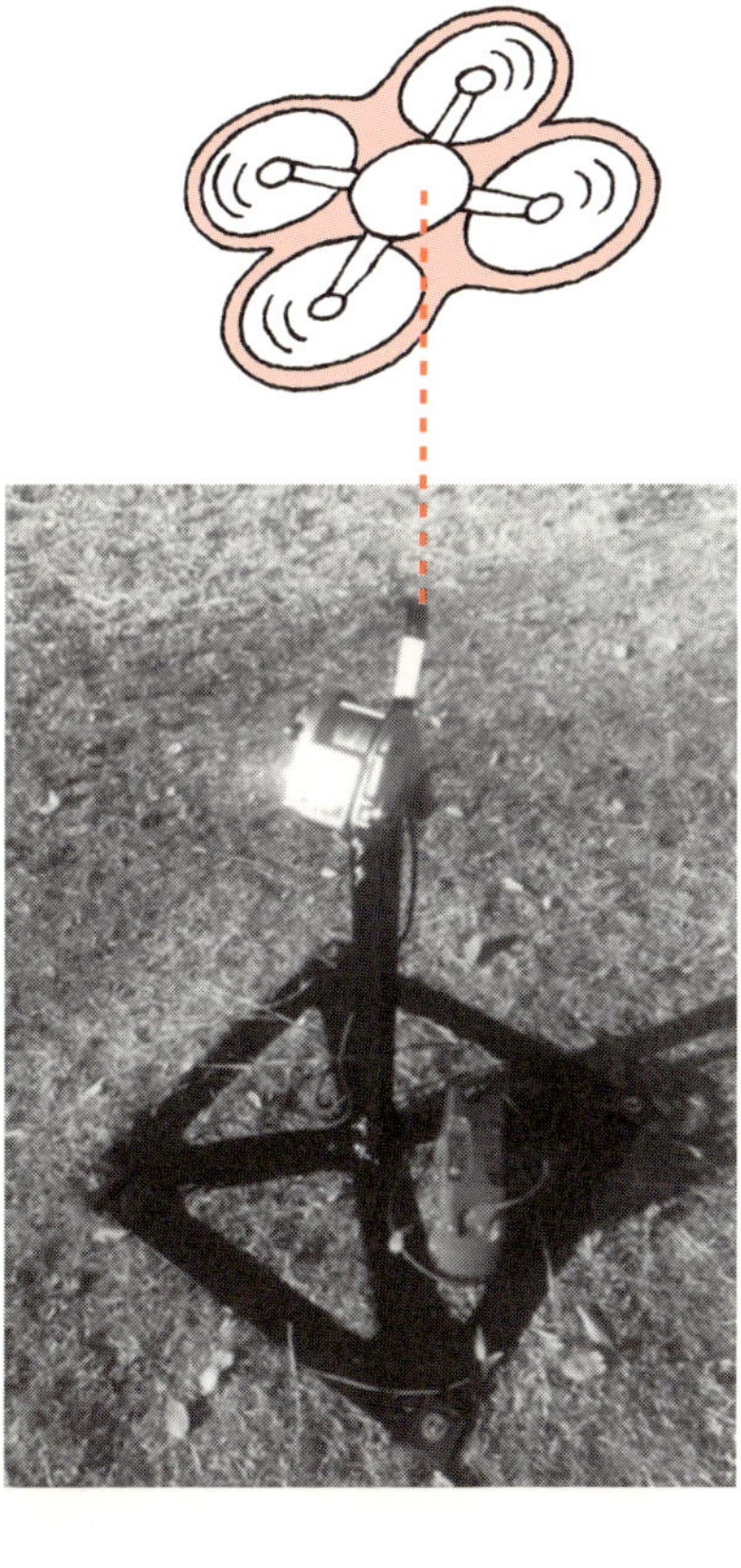

離着陸のために、超音波により地面との距離を計測して高度を検知するシステム

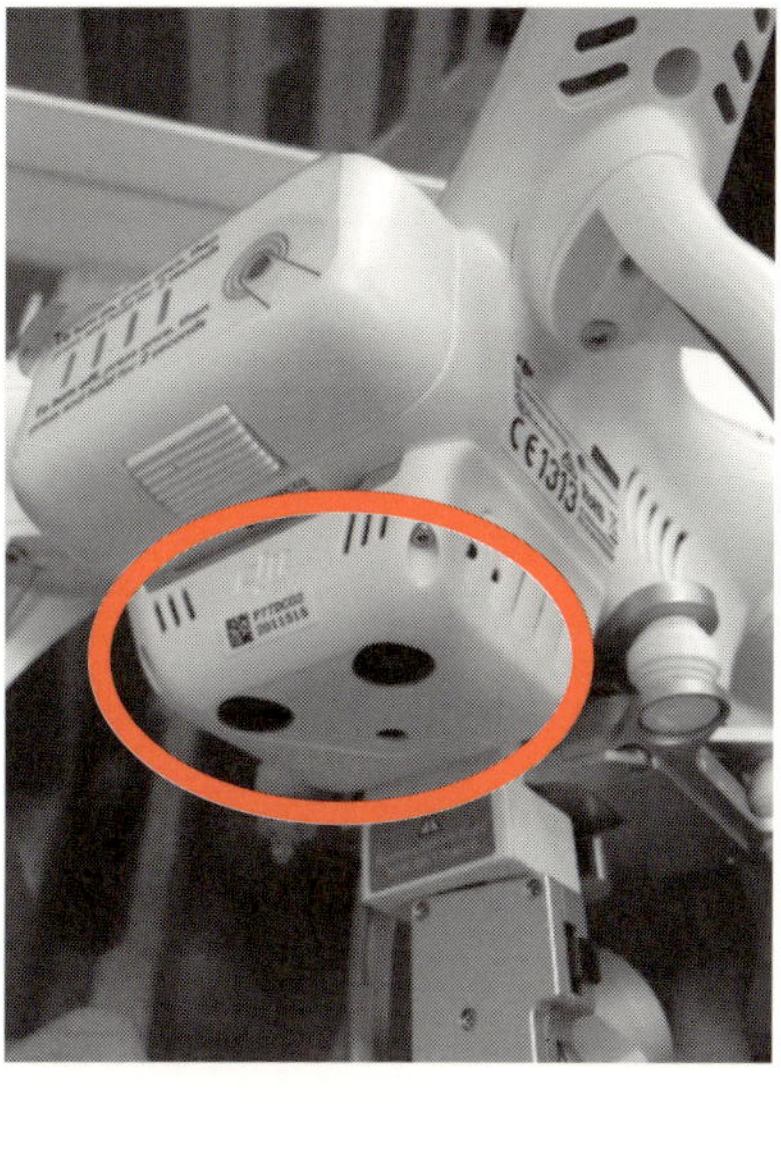

25 視覚センサの役割

ドローンに視覚センサを搭載し可能性が拡大

ドローンの飛行を安定させたり、ドローンに追跡をさせたりするときにオプティカルフローセンサを使用します。オプティカルフローセンサは、ドローンとカメラに写っている物との間の相対運動による画像内の物体の見かけの動きの方向と移動量を検出する画像処理技術の一種です。ドローンに搭載されたカメラの画像を白黒の2値化して、特徴点の画像内平面2軸座標上での移動ベクトルから、ドローンの位置の変化を推定しGPSの使えない屋内などでも位置を保持する飛行をしたり、移動する物体や人を追いかけたりする制御に使用します。

この推定にはルーカス金出法という日本人が開発したアルゴリズムが使われています。2次元画像処理はParallel Tracking and Mapping for Small AR Workspaces（PTAM）などの3次元画像処理技術と比較して処理が軽く、ドローンに組み込めるマイコンの進歩により近年十分処理可能な技術になりました。

最近では、オプティカルフローセンサの利用により、GPSの電波が届きにくい橋の下やトンネルの中で、点検用のドローンが飛行できるようになったり、撮影用のドローンでは、被写体となる人を追いかけながら撮影したりすることが可能になっています。

また、小型で安価なドローンにも最近では、人を追随して飛行する機能を備えたドローンが登場してきています。このように画像から人を抽出したり、抽出した位置を基に移動制御をしたりすることによりドローンの可能性は広がっています。さらに、視差による距離の計測から3次元の位置推定を行い、GPSなしでも位置ロックが実現できるドローンも開発が進んでいます。このようなドローンは、工場や屋内施設の中で活躍するドローンへの利用が期待されています。

要点BOX
- ●2次元画像処理はすでにドローンに使用
- ●画像処理を自己位置推定に利用
- ●ドローンの追随機能にも利用されている

オプティカルフローセンサの能力

オプティカルフローセンサにより、移動する人を追随するドローンの飛行などが実現している。

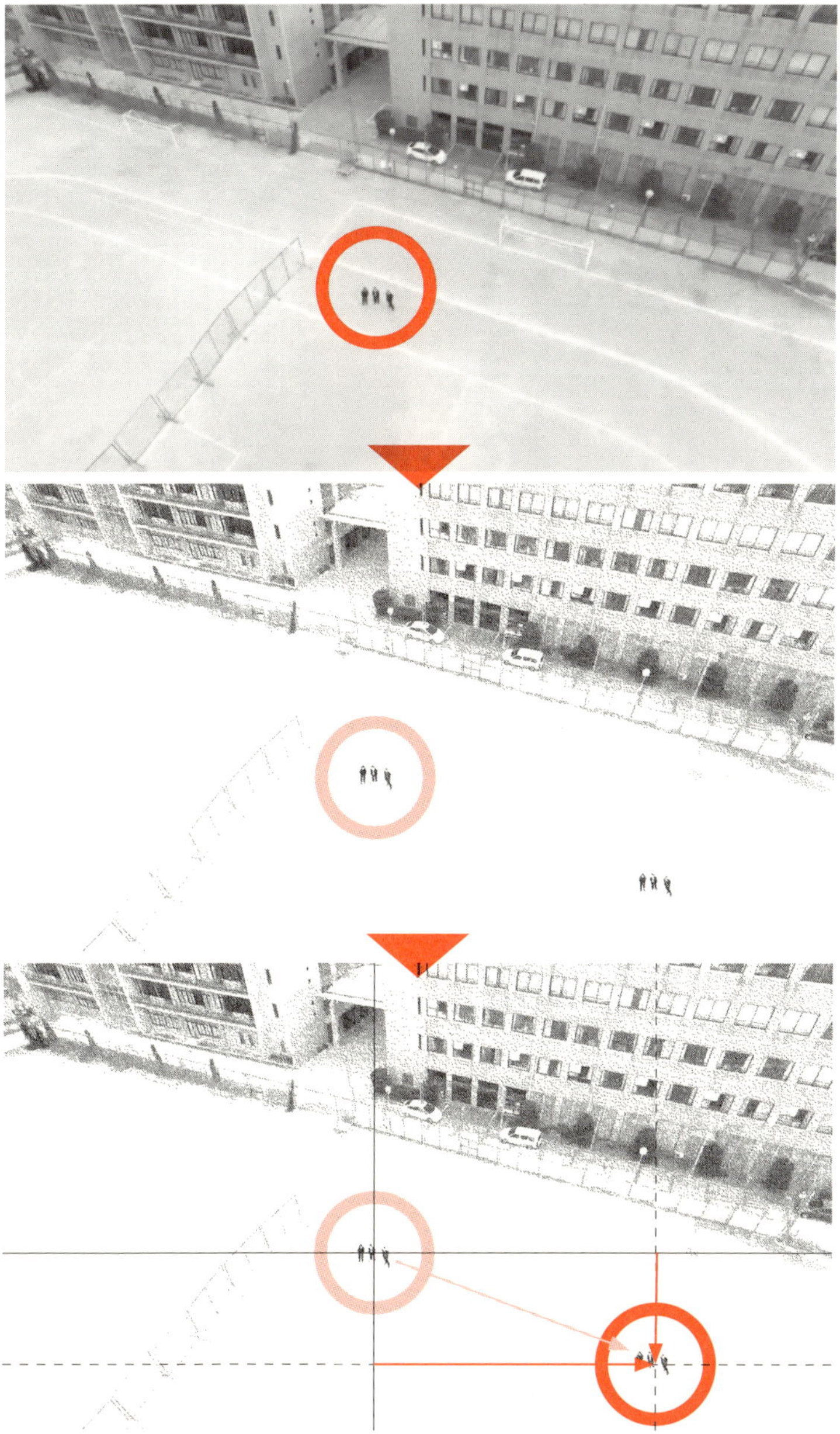

26 無線技術

ドローンの飛行には地上と繋ぐ無線技術が不可欠

ドローンの飛行には、ドローンと地上を繋ぐ無線技術は必ず必要となる重要な技術の一つです。現在、ドローンの多くは、２・４GHzの電波を使用しています。電波は、１８７３年にマックスウエルによって、ファラデーの実験やクーロンの実験からその存在が予測され、１８８８年のヘルツの実験で電磁波の存在が確認されました。

その後、１８９９年にマルコーニはドーバー海峡横断の無線通信に成功し、１９０１年には太平洋横断通信に成功し、船舶通信が実現しました。そうして早くも１９１２年４月14日にはタイタニック遭難の無線通電信が送信されています。それから電波による無人標的機（ドローン）の遠隔操作飛行が実現したのは、１９３１年のことでした。

ライト兄弟による飛行機の発明が１９０３年に行われたことから、電波の無線技術の発達と飛行機技術の発達は、とても近い時代に並行して進み、両者はターゲット・ドローンと呼ばれる無人標的機の実用化という形で実を結んだことになります。

日本では、長らく空用のラジコンに72MHz、空用の産業用ラジコンに73MHzが使われてきましたが、２００８年から2・4GHzのラジコン送受信機が登場し、瞬く間に広がりました。

２・４GHzになる前は、周波数をバンドに分けて同じバンドを使わないようにすることで、混信を避ける管理をしていましたが、新しく登場した２・４GHzの送受信機は、混信をしにくくする周波数ホッピング方式やスペクトル拡散方式などが取り入れられていて、何も管理しなくても20機以上同時に飛行させたりすることが可能になっています。その混信のしにくさから現在のドローンのほとんどが２・４GHzの送受信機を使用しています。

要点BOX

- ●最近は、混信のしにくさから無線周波数は2.4GHzが主流
- ●無線技術もドローンと同様新しい技術

無線技術とともに発展したドローン

無線技術が発達して、初めて遠隔操縦が可能になり、無人航空機である無人標的機が実用化された。

市販の各種無線送受信モジュール

27 無線通信の将来

ドローンの飛行を広範囲に拡大するキーテクノロジー

ドローンの飛行には、無線通信が欠かせませんが、無線に使われる電波の空中からの発射は、一般的に地上に及ぼす影響が大きいため、電波法という規則で決められた周波数帯にしか認められていません。今後ドローンの物流やデリバリーサービスなどが拡大したときに、目視外飛行用に軍用ドローンでは使用されている衛星通信が主流になる可能性があります。

スペースXのイーロン・マスクCEOは衛星打ち上げコストは、「100分の1」になると述べています。するとと現在、スペースXが運用している大型ロケット「ファルコン9」の打ち上げ価格は約65億円から約6500万円にまで激減することになります。もしこれが実現すれば、1000機以上の低軌道通信衛星により通信コスト低減は飛躍的に進み、ドローンの無線通信の主流になることが予想されます。

現在、ドローンに利用してもよい電波帯の規則が、ITU（国際電気通信連合）によって5030～5091MHz帯に定められていますが、無線に電波を利用している限り、将来、この狭い周波数資源の逼迫が避けられません。このため、ドローンを介し伝送するコンテンツの大容量化や通信衛星の高性能化により、衛星通信の超高速化、大容量化への要求が高まり、周波数資源の逼迫の制約を受けない宇宙光通信技術が将来の技術として期待されています。

現在、地上光ファイバー網の通信においてすでに実用化されている1・5μm帯のレーザー通信技術を宇宙光通信に適用することにより、宇宙通信の超高速化・大容量化が低コストで実現する技術の開発が進められていて、日本では世界に先駆けて1・5μm帯の低軌道衛星と地上間の通信技術の基礎研究と装置技術の宇宙環境における実証を目指して、超小型光通信機器である小型光トランスポンダが、SOCRATES衛星に搭載されて2014年5月に打ち上げられ、軌道上試験と実験が実施されています。

要点BOX
- 目視外飛行には、無線通信が必須
- 電波の周波数資源は逼迫している
- 光通信・衛星通信等の新しい通信に期待

スペースX社のファルコン9

出典:スペースX社のHP

レーザー通信装置を搭載したSOCRATES衛星

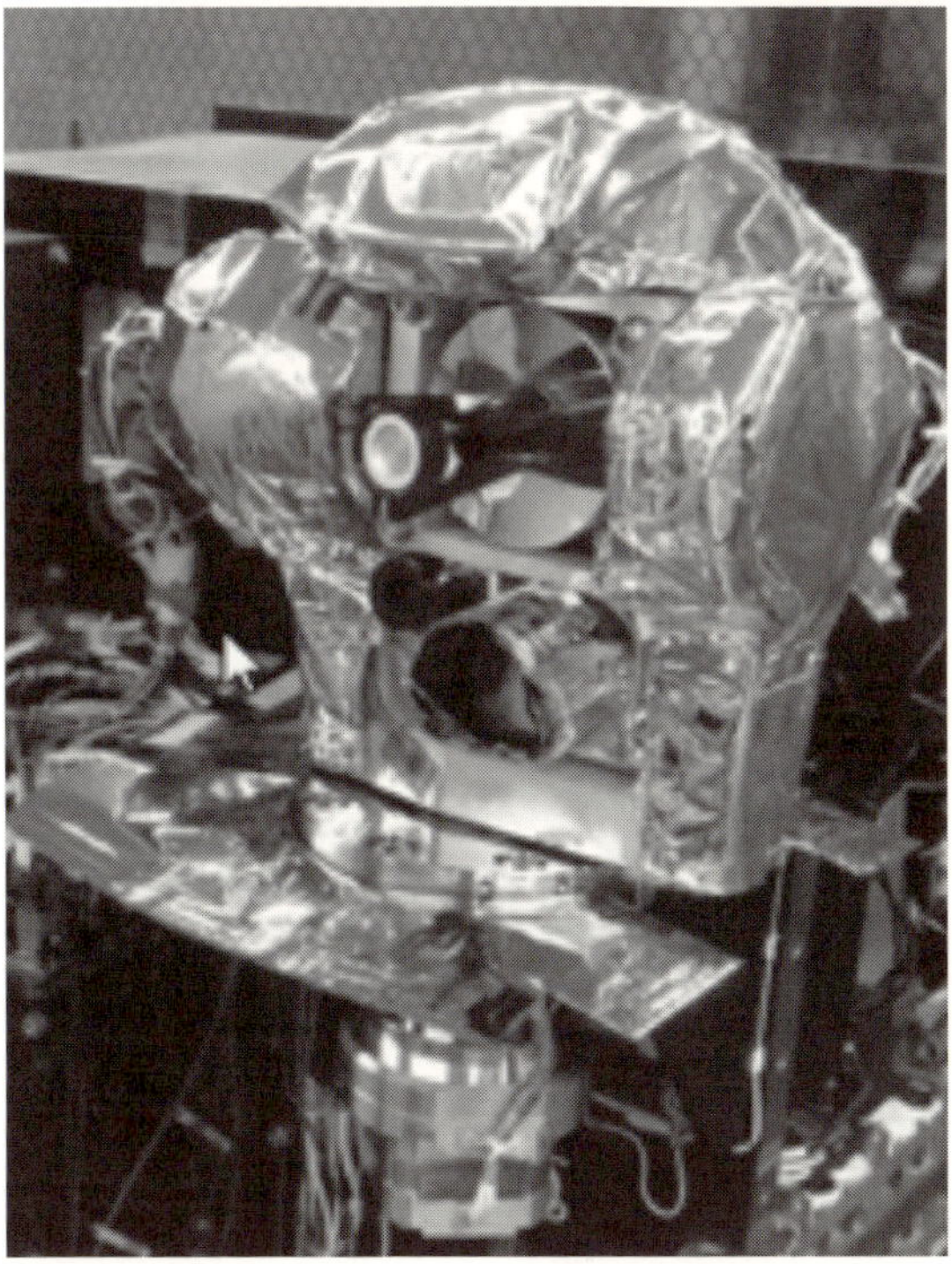

出典:NICTのHP

小型光トランスポンダにより電波以外の手段による衛星通信の実現により、周波数資源の逼迫による制約を受けずに大容量化が可能になることが期待されている。

Column

美しきハリウッド女優と無線技術

　従来のラジコン機は、無線の混信を避けるために同じ周波数の電波を同時に使用しないように注意しながら使用していました。現在、普及しているドローンは、同時に何機も飛ばすことが可能になりました。これには、Wi-FiやBluetoothなどの通信技術が利用されているためです。

　この通信方法の基礎的な技術は、ハリウッドの女優、ヘディ・ラマーが作曲家のジョージ・アンタイルとともに1942年に「Secret Communications System」という名称で取得した米国特許と関係しています。無線による通信は傍受と妨害という課題を抱えていましたが、ヘディ・ラマーとジョージ・アンタイルは、この課題を解決するために通信の周波数を特定のシーケンスで切り替えて送信し、受信側も特定のこのシーケンスで受信する方式を考案しました。

　ヘディ・ラマーはどんな女優だったのでしょう。1914年オーストリア出身の彼女は1930年に女優としてデビューし、1933年「春の調べ」の映画史上初の全裸シーンで話題となりました。同年、武器商人のフリッド・マンドルと結婚し、それが縁で、技術に興味を持ったといいます。だが、37年には夫から逃亡し、最終的にはハリウッド女優となり、「最も美しい女性」の名声を得ました。

　第二次世界大戦中に、魚雷の無線誘導が敵の妨害電波で無力になることを知り、作曲家のジョージ・アンタイルと協力して自動演奏ピアノのロール紙にヒントを得て、周波数を随時変更する特許を出願しました。当初はその有用性は理解されませんでしたが、戦後、重要な軍事技術となりました。1980年代に携帯電話が出現した頃から民間でも使用され出し、現在ではＷｉ－Ｆｉなど、無線技術には欠かせない技術となりました。

　晩年のヘディ・ラマーは不遇のようで2000年に亡くなりますが、2014年に「全米発明家殿堂」入りを果たしました。ドイツ語圏では彼女の誕生日の11月9日は「発明の日」とされており、その業績が評価されています。

第4章

ドローンの飛ばし方

28 プロペラの調整と組立

バランスが重要なプロペラ

通常、ドローンは、複数のプロペラを回転させて飛行していますが、それぞれ回転方向が異なります。異なる回転方向のプロペラを、それぞれ制御することで、上下・左右・前後・回転といった飛行を行っています。

プロペラにはバランス（つり合い）が取れていることが必要です。新品のプロペラであってもバランスが取れていない場合があります。また、墜落や衝突をした場合に、見た目には問題が無くてもプロペラのバランスが狂うことがあります。バランスの取れていないプロペラは回転中に上下に振動し、不安定な飛行の原因となります。破損したプロペラやバランスの取れてないプロペラで飛行を続ける事は、墜落の恐れもあるのでやめましょう。

プロペラのバランスを見るためには「プロペラバランサー」という器具を使います。プロペラが傾いて上に上がった側に小さく切ったセロハンテープを貼り付けます。セロハンテープを張る位置でバランスを調整します。

プロペラバランサーは安いものでは1000円程度のものもあります。ぜひプロペラのバランス調整に挑戦してみてください。

プロペラの取り付け方法は、機種によってさまざまです。DJIのファントム4などはプロペラの取り外しが簡単で、プロペラを軸に押し込んで回すだけでロックされます。

そのほかには、プロペラ自体にネジ穴があるものや、別にネジを用いて機体に固定するものまでさまざまです。ネジでしっかり固定していたとしても、少しの衝撃でネジが緩む可能性もあります。飛行の際には、ドライバー等を持参し、プロペラが機体にしっかり固定されているか、ネジが締まっているかなどを必ず確認しましょう。

要点BOX
- ●バランスの取れていないプロペラは、不安定な飛行の原因となる
- ●プロペラバランサーでバランスを調整

プロペラの回転方向

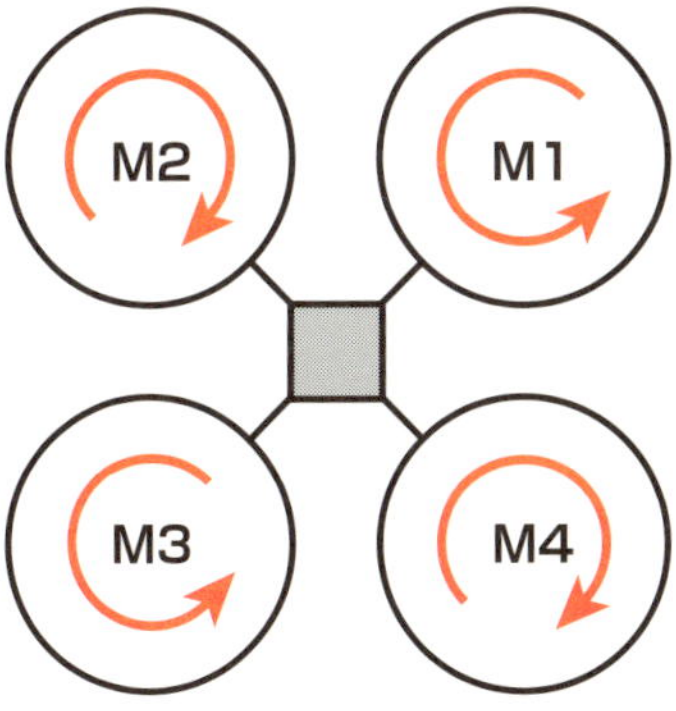

プロペラの回転方向（例）
クアッドコプター

プロペラの取付例（ファントム4）

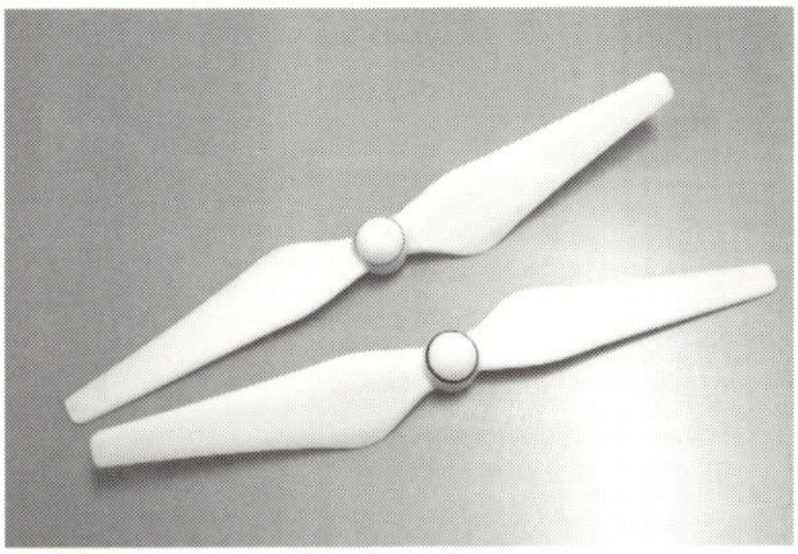

プロペラ

プロペラ取付部

プロペラ取付部

ファントム4

29 バッテリーの特徴

電圧、容量、放電能力が重要なスペック

電動式のドローンに使われるリチウムポリマーバッテリー（リポバッテリー）は、電解質に液体ではなく高分子ポリマー材料が使われているのが特徴です。大電力が取り出せるのがメリットですが、外部からの衝撃に弱く、長期保存にも向かないという不利な点もあります。

リチウムポリマーバッテリーを選ぶ際に決め手となるスペックです。1つのセル（3・7V）が何個直列に接続されているかでバッテリーの電圧が決まります。また、容量、放電能力も重要なスペックです。

リチウムポリマーバッテリーを扱う上では、①充電時、②放電時、③保管時それぞれに注意すべきポイントがあります。充電の際には過充電をしない、万一発火しても安全な場所で行う、各セルを均等に充電する（バランス充電）、などの点に注意してください。

バッテリーの放電時（使用時）には、過放電をしない、ショートをしない、コネクターの抜き差しを丁寧に行う、などのポイントに注意してください。外観が膨らんだバッテリーは内部でガスが発生しています。その場合は使用をやめて処分してください。使用が終わったバッテリーは、容量の60％程度に充電された状態で保管するのがベストです。発火しても安全なケースに入れて、ショートすることのないようにします。

リチウムポリマーバッテリーは外部からの衝撃に弱いものです。万が一、ドローンが墜落した場合などは、外見上異常が見られないバッテリーであっても衝撃を受けている場合がありますので、可燃物から離れた場所において15分ほど様子を見てください。変形、発熱、発火などが起こることがあります。

リチウムポリマーバッテリーを処分するときは、1週間ほど3％程度の食塩水に完全に浸し、時間をかけて放電させます。完全に放電したバッテリーは普通にごみとして処分することができます。自治体のごみ処分のルールに従って処分してください。

要点BOX

- ●バッテリーの保管には、容量の60％程度に充電された状態がベスト
- ●リポバッテリーは外部からの衝撃に弱い

リポバッテリーのスペックの見方

項目	内容
セル数/S	直列でつないでいるセル数。
電圧/V	3.7V × セル数。 3セルの場合 ： 3.7V × 3S = 11.1V
容量/mAh	充電可能容量。 1時間で使い切る電流量。
放電能力	1Cは、容量mAhを1000で割った値で流せる最大電流値。 例)2200mAh 20C ： 2200mAh × 20C = 44A

バッテリー充放電時の注意事項

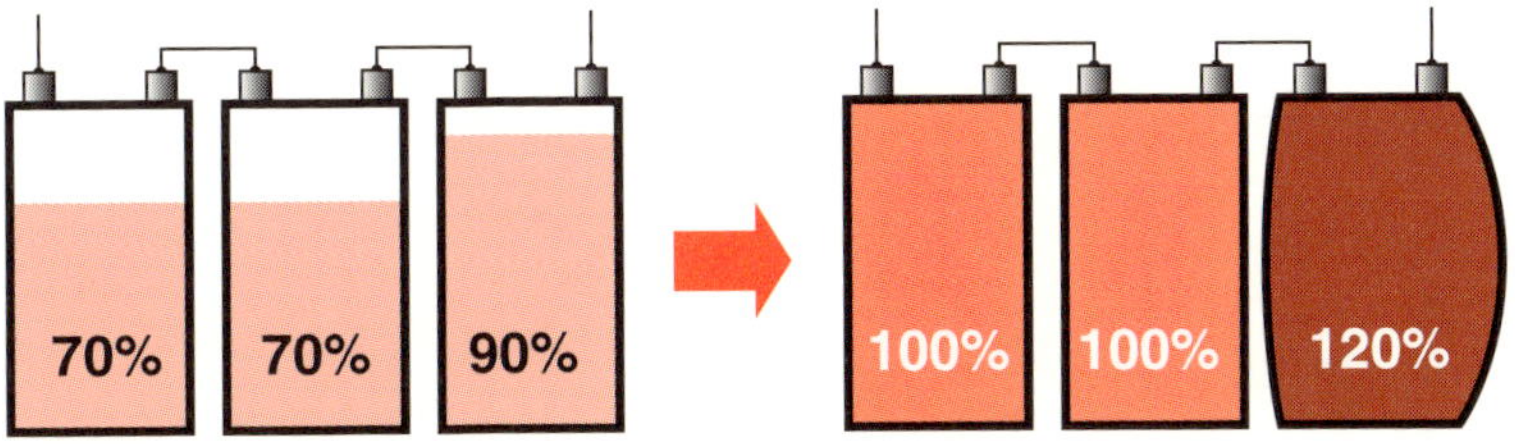

●各セルが均等であることが重要

各セルにばらつきがあるまま一括して充電してしまうと、
過充電を来すセルが発生する恐れがある。バランス充電をしよう。

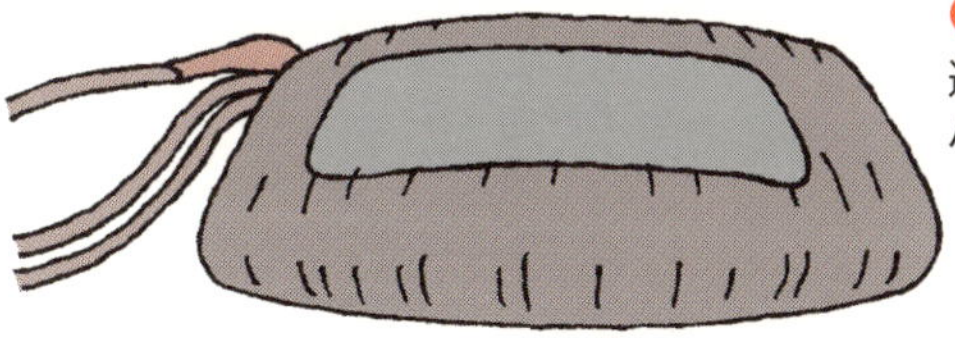

●放電が進んだバッテリー

過放電が進むとガスの発生が顕著になり、
バッテリーは膨らんでくる。

↓

交換へ

バッテリーの保管

1. 容量60%を目安に保管することを推奨します。
2. 保管は、発火しても安全なケースに入れて保管してください。
3. 満充電の状態での保管は、自然に電圧が上昇する場合があるため、電池が膨らみ使用不可になることがあります。
4. 長期間(1カ月以上)使用しない場合は、60%程度充電した状態で保管してください。

30 カメラのセッティング

ドローンでは比較的簡単に空撮が可能

ドローンを飛行させる楽しみといえば、空撮です。従来ヘリコプターや航空機で行っていた空撮がドローンでは比較的簡単な機材・準備でできることもあり、報道、スポーツ、映画やTV、CMなど多くのメディアにも使われるようになりました。

ドローンで空撮を行うにはカメラが必要です。市販されているドローンの多くは、標準でカメラが搭載されており、搭載カメラを使って静止画や動画などの映像を撮影することができます。標準カメラの搭載・撮影のために機体設計・組立・調整が行われており、手軽に空撮を楽しむ事ができます。

標準でカメラが搭載されていないドローンもあります。操縦専用の小さなトイドローンなどには、カメラは搭載されておりません。

また、上級者向けのドローンなどの多くは、標準でカメラを搭載していません。これは、後に搭載するカメラ等を選択できるように、考慮されています。

しかし、カメラの搭載と飛行には準備が必要です。

①最大積載重量の確認とカメラの選択

ドローンに搭載可能な重量（最大積載重量）をペイロードと呼びます。ペイロード内の重量であればカメラを搭載することが可能です。ブレを抑えるスタビライザーやカメラの向きを変えるためのジンバルを搭載する場合は、カメラ・ジンバル含みの重量がペイロード内でなければなりません。ペイロードぎりぎりまで搭載すると、余裕がなくなり飛行性能が落ちるため、余裕を持たせましょう。また重量が増えれば、飛行時のモーター負荷が大きくなるため飛行時間も短くなりますので、注意が必要です。

②重心位置・バランス調整

標準でカメラが搭載されているドローンは設計・調整済ですが、後からカメラを搭載する場合は、重心位置・バランスの再調整が必要です。

要点BOX

- 上級者向けドローンなどの多くは、標準でカメラの搭載はない
- ペイロードに余裕を持たせて搭載する

ドローンへのカメラのセッティング

標準でカメラが搭載されているドローン

上級者向けドローン

ペイロードへの配慮

ドローンごとの 搭載可能重量	＞	カメラ スタビライザー･ジンバル バッテリー	＋ 余力

31 飛行前の調整

起動前のさまざまな点検が重要

ドローンを飛ばす前にしっかりと機体の状態を点検しておきましょう。そして安全を確認したうえでドローンを起動しますが、起動をするにも正しい手順があります。

まずは機体の点検ですが、よく観察して機体に異常がないか点検しましょう。点検するポイントはフレームの曲がりやキズ、プロペラの曲がりやキズ、折りたたみ式プロペラの場合はしっかりと開かれているか、折りたたみ式のアームの場合はアームが正しく開かれているか、受信機のアンテナの向きは正しいか、などのポイントが重要です。

また、触って確認するポイントとしては、すべてのネジの緩みはないか、パーツはしっかりと取り付けられているか、ガタついている箇所はないかなどを確認します。

バッテリーの確認も必ず行ってください。バッテリーチェッカーでバッテリーの残量を確認します。また膨らんでいるバッテリーは、何らかの異常が発生している可能性があり使用できません。バッテリーがしっかり取り付けられているかも確認してください。

ドローンにカメラが付いている場合、ジンバルがしっかり取り付けられているか、カメラがしっかりと取り付けられているか、カメラのバッテリー、映像伝送用のバッテリーの残量の確認も必要です。

以上の点検を済ませたら、ドローンを起動します。大事な点は、送信機の電源を先に入れ、機体の電源をその後に入れるという点です。機体の電源を入れたらコンパスキャリブレーションを行います。カメラ、映像伝送などは送信機より先に電源を入れておきます。コンパスキャリブレーションののち、ホームポイントを記憶し、GPS衛星を4～6個以上検知できていれば（屋外）飛行することが可能です。

要点BOX
- ●目視、触感、バッテリーチェックが肝心
- ●機体の電源を入れたらコンパスキャリブレーションを行う

飛行前後点検チェック表

年月日		機体		登録番号	
天気		気温·温度		地上風速	
飛行場所					
操縦者			カメラ操縦者		
補助者			安全飛行管理者		

●飛行点検前（番号順に項目をチェックする）

	項目	チェック
1	すべてのネジの緩みはないか。	
2	すべてのパーツの取り付けは確実か。	
3	フレームに曲がり、破損はないか。	
4	プロペラに曲がり、破損はないか。	
5	プロペラは一直線に開かれているか。	
6	モーターは水平か。	
7	アームは正しく開かれ、固定されているか。ガタ、曲がりはないか。	
8	スキッドと機体の固定は確実か。曲がりはないか。	
9	ジンバルは確実に固定されているか。	
10	ジンバルの振動吸収ダンパーおよびゴムリングの状態に問題はないか。	
11	ジンバルが機体と干渉していないか。	
12	動力バッテリーの残量を確認したか。	
13	動力バッテリーの形状に問題はないか。キズはないか。	
14	動力バッテリーは固定されているか。	
15	受信機のアンテナの向きは正しいか。	
16	カメラがマウントにロックされているか。	
17	カメラとビデオ送信機のケーブルの接続。	
18	映像伝送用バッテリーの残量を確認したか。	
19	映像伝送用のアンテナの向きを確認したか。	
20	すべての配線が可動部に触れていないか。	
21	送信機のスティック、スイッチ、レバー初期位置を確認する。	
22	送信機のアンテナの向きを確認。	
23	地上モニターの電源を入れる。	
24	機体側の映像伝送の電源を入れる。	
25	カメラの電源を入れる。	

	項目	チェック
26	地上モニターがビデオ送信機からの信号を受信しているか。	
27	送信機の電源を入れる。	
28	機体電源を入れる際、機体は水平か	
29	機体の動力バッテリーをGNDから順に接続する。	
30	GPS衛星補足の障害となるものが周囲に無いか。	
31	コンパスキャリブレーションを行ったか。	
32	ホームポイントを記憶されたか。	
33	6個以上のGPS衛星検知できているか。	
34	周囲の安全を確認したか。	

●飛行点検後

	項目	チェック
1	動力バッテリーをはずす。	
2	送信機の電源を切る。	
3	カメラの電源を切る。	
4	映像伝送用電源を切る。	
5	地上モニター電源を切る。	
6	カメラの撮影映像を確認。	
7	ネジ全般の緩みを確認。	
8	機体の汚れ、ごみの付着などはないか	
9	配線に異常はないか。	
10	モーター・アンプの異常な発熱はないか。	
11	バッテリーをチェッカーで確認。	
12	バッテリーの形状、キズ、発熱などはないか。	
13	バッテリーの安全補完。	
14	送信機のバッテリー状態確認。	

32 航空気象

天候や周囲の風の変化に常に注意を払う

ドローンは飛行体ですので、飛行中は、風の影響を受けて挙動が変化します。ドローンには、GPSや気圧センサなどのセンサの補助を受けて、自ら姿勢を安定させ、位置を保つ機能を持ちます。しかし、強い風や気流に対しては、姿勢や位置を制御しきれない場合もあり、最悪の場合は、墜落・落下します。したがって、ドローンを飛行させる際には、天候や周囲の風の変化に常に注意を払い、安全と判断できるときのみに飛行を行いましょう。

ドローンを飛行させる場合には、あらかじめ天候情報を入手して飛行計画を立てます。テレビ・ラジオの天気予報、気圧配置図などから予め天候と風の状況を調べましょう。雨天や雷が発生しているときは飛行は厳禁です。飛行中に天候が悪化した場合は、直ちに飛行を中止しましょう。

ドローンが耐えられる風の強さ、いわゆる耐風性能は機体によって異なります。一般的に小さく軽い機体は、重い機体に比べて耐風性能が弱くなっています。メーカーマニュアルをよく確認し、自分の機体の耐風性能を調べましょう。自分のドローンの耐風性能よりも強い風が吹いているときに飛行させることは危険です。

地上付近から高度を上げると風は強くなります。また、周りに木や建物などがある場合、地表近くでは風が弱くても、木や建物以上の高度まで上がると急に風が強まることがあります。ドローンで高度を上げる際には注意が必要です。飛行場所で、風の強さを判断するには、ハンディタイプの風速計を用いたり、周囲の樹木や雲の移動の早さなどを良く観察しましょう。

また、地形や構造物によっては、ドローンを飛行させる際に十分な注意が必要です。風が吹いた際に建物の近くでは空気の流れが変化し、流れが強くなる箇所や流れの方向が異なる箇所があります。

要点BOX

- ●マニュアルで耐風性能を確認
- ●地形や構造物によっても風の強弱や方向が変化する

気象情報の入手

TVやラジオの天気予報やネットで週間天気図を見て、
いつごろ天気が悪くなるかを判断する

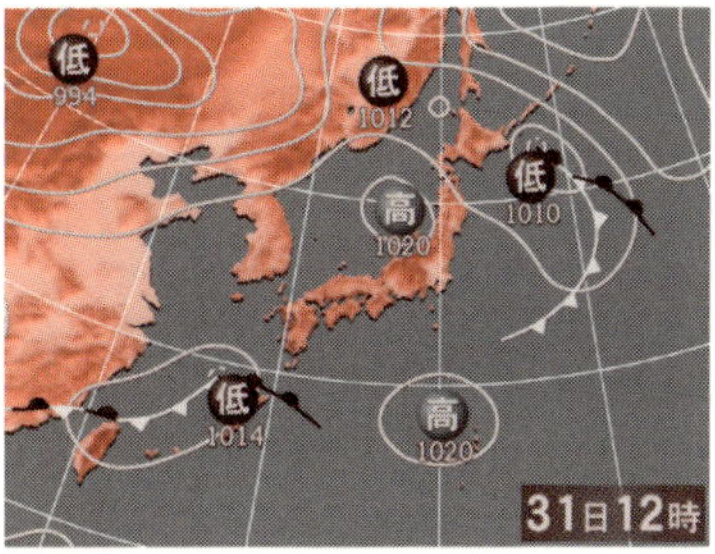

天気図

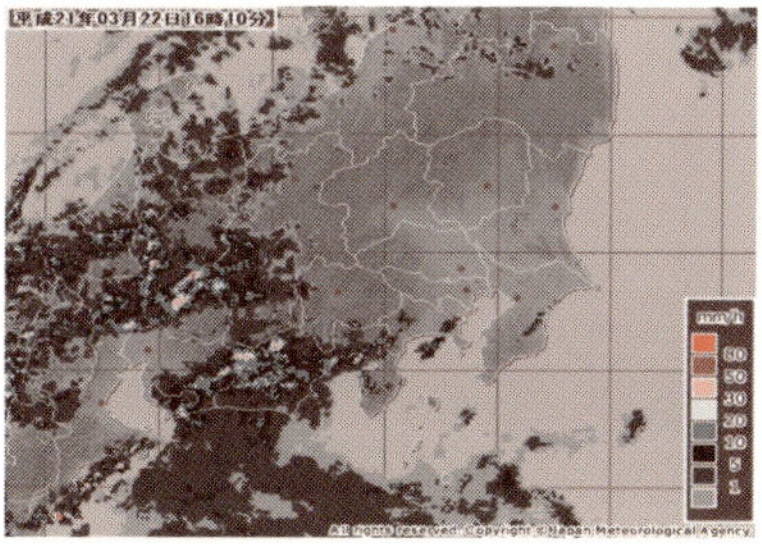

レーダーアメダス

地形や構造物の影響による乱気流

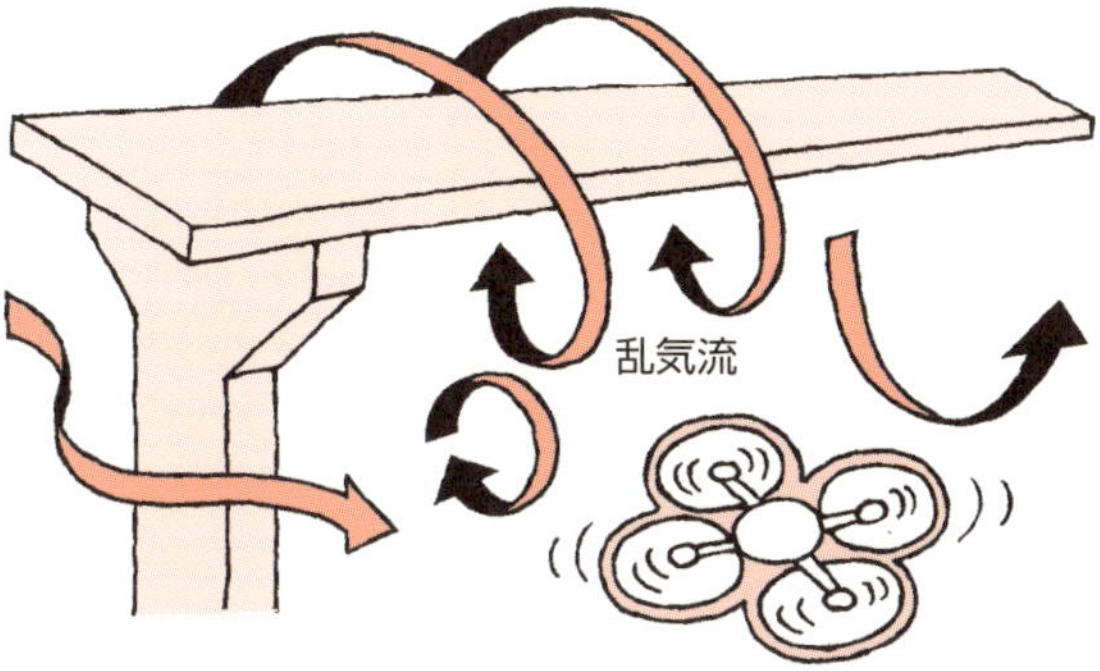

建物や地形の影響で乱流が生まれるだけでなく、場所によって風の強さが
異なるため、風の影響を受けやすいドローンは十分な注意が必要です

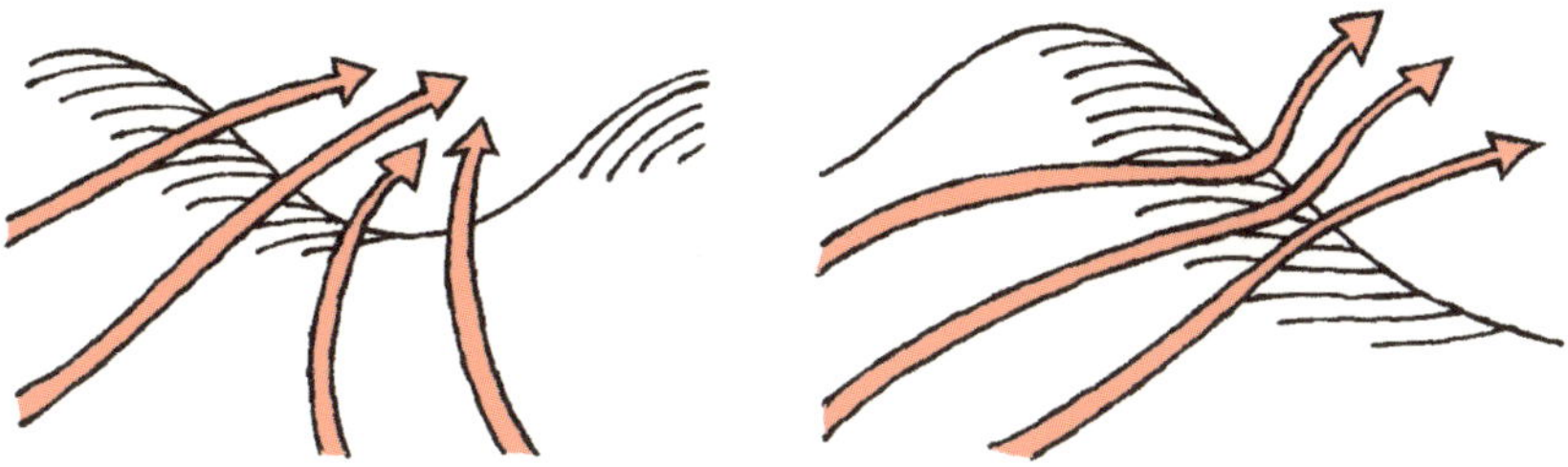

33 飛行に注意すべき場所

安全に飛行を楽しむために

ドローンにおける飛行において、「航空法」や「国会議事堂、内閣総理大臣官邸その他の国の重要な施設等、外国公館等及び原子力事業所の周辺地域の上空における小型無人機等の飛行の禁止に関する法律」（通称飛行禁止法）、各自治体の条例等で飛行が禁止されている区域や、土地所有者の許可が取れていない場所の上空では飛ばしてはいけません。しかし、たとえ上記以外で飛行が許可されている場所においても、飛行の場所や状況によっては、飛行するのに危険な箇所があるため、飛行に際して注意が必要です。

電波干渉が強い場所での飛行にも注意が必要です。周囲に、鉄塔、送電線、携帯電話基地局、電波干渉が強い環境では、操縦プロポの信号が混信し、操縦不能（アンコントロール）になる危険があります。

また、周囲に金属（車、むき出しの鉄骨等）や電子機器や電波塔などがあると、プロポからの信号が反射などによって乱れるなどの恐れがあるためドローンのコンパスキャリブレーションが正常に作動しない場合があります。コンパスキャリブレーションがうまくいかない場合は、上記の物や建造物から離れた、上空が開けた場所で行いましょう。

このような電波の反射による乱れの恐れがある場所として水面や海面が挙げられています。海面の飛行は障害物がなく安心できそうですが電波環境としては安心できません。

GPS信号は周波数が高いので屈折が少なく、衛星が直接見通される場所でないとうまく受信できないことがあります。

位置の計算に最低必要な衛星は同時に4個必要ですが、建物の陰や山の陰、屋内ではうまく受信できない場合があります。

要点BOX
- ●電波干渉が強い場所に注意する
- ●コンパスキャリブレーションが正常に作動しない場所もある

電波干渉が強い場所

送電線や携帯アンテナ基地局に注意

人々が多く集まる場所（WiFi電波）にも注意

34 使用する周波数帯

電波帯をきちんと把握

現在、主にドローンで使用する電波の周波数は、2・4GHz帯、一部は920MHz帯のバンドを使用しています（産業用ヘリは一部73MHz帯など）。使用の用途としては、飛行制御、カメラの制御、映像・テレメトリ伝送などさまざまです。この2・4GHz周波数帯はいろいろな分野で使用されており、無線LANや電子レンジなどで使用されています。この電波の特性として、直進性が強い事が挙げられます。直進性が強いという事は、機体が遮へい物（山、構造物）に隠れると電波が遮断される可能性があります。このような状態にならないように注意しましょう。

また、同時に複数の機体でフライトを行う場合は注意が必要です。特にラジコン操縦用の電波と映像・テレメトリの電波を同時に使用しているシステムの場合は、情報量が多いため広範囲の帯域を使用してしまいます。このため、ほかの機体との同時飛行は、混信してしまいコントロール不能になる可能性があるため、複数機体の同時飛行は不可と考え、単独で飛行するように運用してください。

テレメトリ信号は機体のGPSなどで検出した位置信号や高度情報のことをいい、コマンド信号は機体の飛行制御やとプサイ機器の制御を指令する信号です。

平成28年8月31日に電波法施行規則が改正され、2・4GHz、5・7GHz、169MHzの電波出力がこれまでの100倍（1w）まで許可されることとなりました。これにより画像伝送可能な距離はこれまでより2〜3倍に増加します。また大容量の画像伝送には適しませんが、メインの2・4GHz、5・7GHzのバックアップ用として写真や、テレメトリ、コマンド信号の電送に使える169MHz電波は、比較的周波数が低いため障害物があっても到達することができ、長距離の伝送が可能となっています。

要点BOX

- ●ドローンの主な周波数は2.4GHz帯と920MHz帯、73MHz帯などを使用
- ●複数機体の同時飛行には注意する

これからの主なドローン用周波数

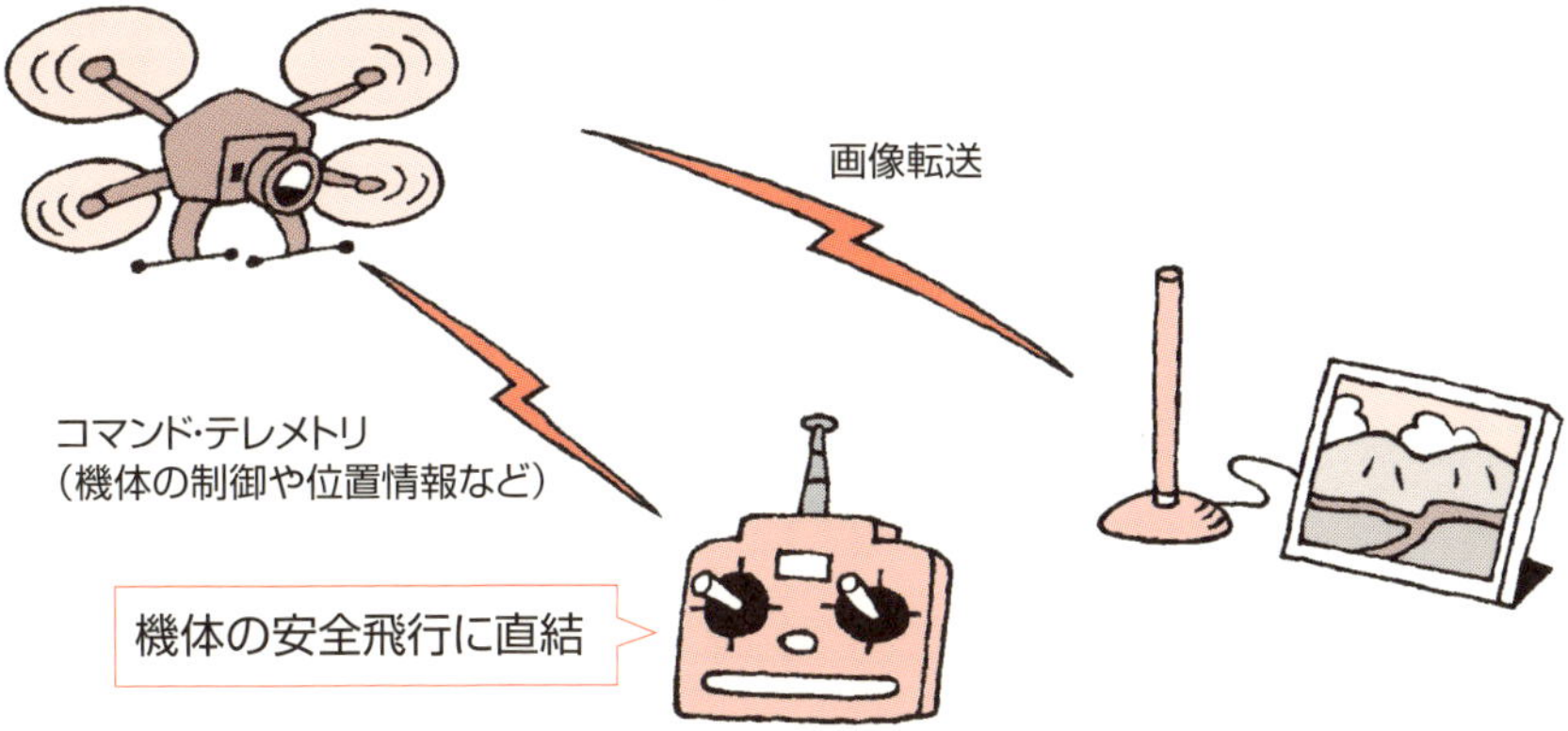

●免許不要バンド（共用、既存:特定小電力／小電力データ通信）

2.4GHz帯（～10mW、約84MHz幅）	・近距離を対象 ・免許人同士の運用調整は不要
920MHz帯（～120mW、約7MHz幅）	

特に2.4GHz帯は業務用ドローンのコマンド·テレメトリには適さず

●免許バンド（共用）

2.4GHz帯（～1W、約10MHz幅）	・長距離まで対象（～5km） ・広帯域伝送用として適す ・免許人同士の運用調整が必要
5.7GHz帯（～1W、約120MHz幅）	

コマンド·テレメトリにも使えるものの、主に画像伝送用

169MHz帯（～1W、約500kHz幅）	・長距離まで対象（20km以上） ・バックアップ用として適す ・免許人同士の運用調整が必要

コマンド·テレメトリに適すが、チャンネルが不足

画像伝送用の周波数はある程度確保されたが、
高信頼なコマンド·テレメトリを提供する周波数はまだ不足

35 点検整備

飛行後点検と日常点検

ドローンの点検整備には、飛行が終わったときに行う飛行後点検と、飛行をしないときにパーツの交換を伴うような日常点検があります。

飛行が終わったら、まず動力バッテリーを外しましょう。送信機、カメラ、映像伝送など周辺装置のすべての電源を切ってください。ネジの緩み、ごみの付着、汚れなどもこのときに確認しましょう。プロペラに亀裂や欠けているなどの損傷がないか、すべてのネジに緩みがないかなどをチェックしましょう。またモーター、アンプ、バッテリー、バッテリーの導線やコネクタなどに異常な発熱の有無をチェックする良いタイミングでもあります。

一部の箇所で異常な発熱などがある場合、負荷がかかりすぎている可能性があります。部品の耐久性にも影響があるばかりか、最悪の場合、飛行中にモーター停止や電源コネクタが溶けて電源消失などの可能性もあります。そのままで、飛行を続けると大変危険です。時間を空けて様子を見るか、飛行を中止し、ドローンの購入店・メーカー等に状況を伝えて必要に応じて修理に出しましょう。

バッテリーは専用充電器を使って放電（リストア）します。これは完全に放電するのではなく保管に適した60％程度の充電状態にするための作業です。バッテリーの保管は専用のケースに入れて安全に保管してください。

日常点検は、飛行をしない日に家でじっくり行う点検のことです。ドローンのパーツにはバッテリー、モーター、プロペラ等、たくさんの消耗品があります。これらの状態を確認し、異常のあるものや、規定の連続使用時間を超えたものを交換します。バッテリーの電圧もチェックするようにしましょう。左には日常点検・整備記録用の表のサンプルを示します。ドローンのメーカーから指定がある場合などはそちらを用いて記録を行いましょう。

要点BOX
- 飛行後には各種機器の点検、確認を行う
- バッテリーは保管に適した60％程度の充電状態にする

無人航空機の日常点検・整備記録

点検機体名				製造番号
点検年月日　　年　　月　　日				点検者
点検項目		方法	点検結果	交換部品等
全般	取付部品のガタツキ	確認		
	ネジの緩み	増し締め		
	機体バランス	計測		
モーター	外観	目視		
	異音の有無	動作確認		
	回転の状態	目視		
	発熱	計測		
	使用限界時間確認	交換		
アンプ	発熱	計測		
	使用限界時間確認	交換		
プロペラ	外観・損傷・曲がり	目視		
フレーム	外観・損傷	目視		
アーム	外観・損傷	目視		
スキッド	外観・損傷・曲がり	目視		
電気系統	コネクタの状態	目視		
	ケーブルの状態	目視		
バッテリー	外観・損傷・ふくらみ	目視		
	使用限界回数到達	廃棄・交換		
	ストアモードで充放電	充放電		
ファームウエア等	アップデート確認	アップデート		
受信機	動作	動作確認		
ジャイロ	動作	動作確認		
	感度	動作確認		
送信機	外観	目視		
	スティックの状態	動作確認		
	動作	動作確認		
	ファームウエア	アップデート		
基地局	ソフトウェア	動作確認		
	アップデート確認	アップデート		

特記事項

36 離着陸の練習

ドローンを傷つけないために

ドローンの離着陸練習を行うにあたって、離着陸場所には注意しましょう。まず、離着陸練習の場所は、ドローンの大きさに応じて縦横数ｍ程度の必ず広い平らな場所で行ってください。ドローンの離着陸時に、急に風が吹いたりなどすると、ドローンの位置がずれる可能性があります。不意な接触事故からの墜落を防止するために、広い場所で行うべきです。離着陸場所は、傾斜などがあると、そもそもセンサーのエラーが出たりする可能性があります。また、傾斜している場所から無理に離着陸を行うと、離陸時に正常に上昇できなかったり、着陸時にドローンが転倒し地面とプロペラが接触、破損などの可能性もあります。平らな場所で行いましょう。

また、周りに落ち葉、ゴミ、小石などが落ちていないことを確認し、必要ならば清掃しましょう。ドローンの巻き起こす風により、軽い物は巻き上がったり、周囲に飛んだりします。落ち葉やゴミ袋などはプロペラに絡まる危険もありますので、注意しましょう。

また、強風時には離着陸を一時中断する判断が下せるよう、風速・風向を確認できる手段を用意するか、もしくは周囲の木々をみて状況判断を適切に行いましょう。

ハンドキャッチなどは、操作を間違った場合に、即人への接触・負傷の事故へとつながりますので推奨できません。ハンドキャッチを前提として離着陸の練習や飛行計画を立てるのはやめるべきです。

離着陸の練習においては、スティックを徐々に上げ下げし、離陸・着陸させましょう。離陸させた後は、低い高さ（0.5ｍや目線高さ程度）で一時停止させ、着陸させるなどの一連の動作を繰り返し練習しましょう。特に、着陸時には、勢いがありすぎると、ドローンが転倒したり、ドローンのセンサに異常をきたしたりしますので、注意しましょう。

要点BOX

- 離着陸は広い平らな場所で行う
- ハンドキャッチなどは事故のもとになるためしてはいけない

ドローンの離着陸場所

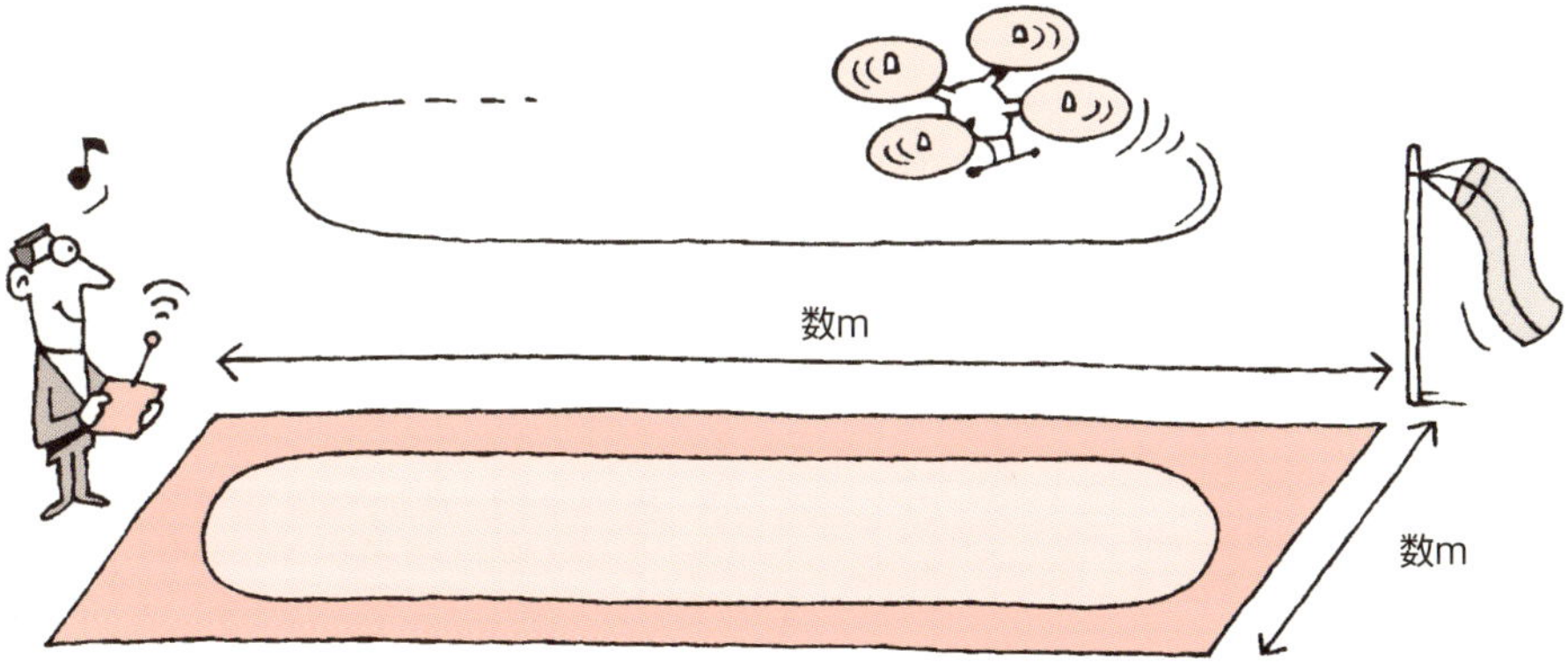

離着陸の場所の注意

1. ドローンの大きさに応じて、縦横数m程度の平らな場所であること。
2. 周りに落ち葉、ゴミなどが落ちていないこと。
3. 可能であれば、周囲の風速･風向などが確認できる状況にあること（強風時の中止の判断）。
4. ハンドキャッチなどは、操作を間違うと、即、ケガの恐れがあるのでやめましょう。

離着陸の練習

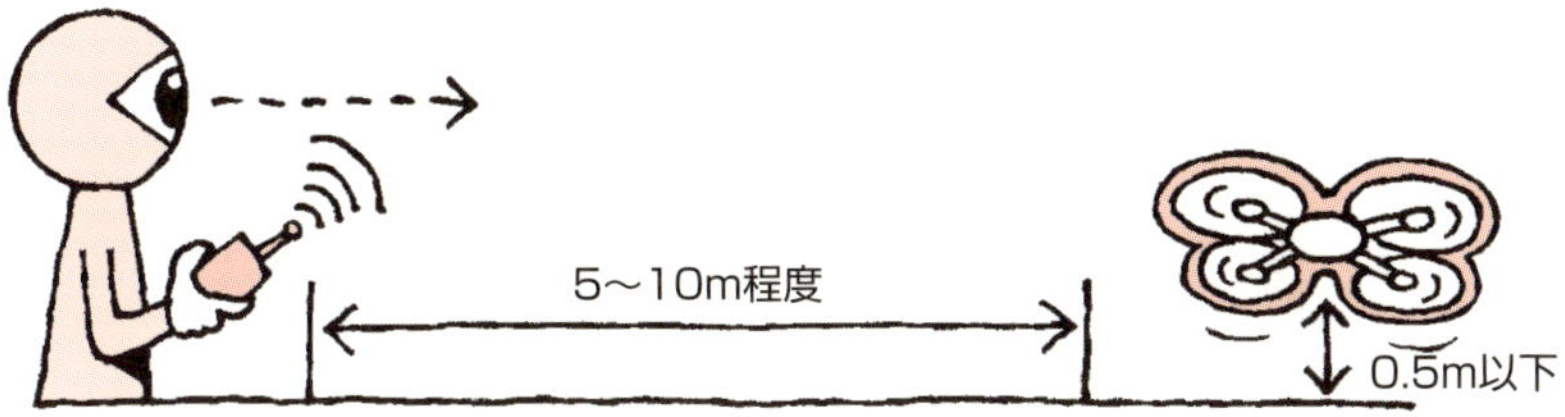

離陸、着陸共にスティックを、徐々に上げ下げすること

37 上昇・降下、ホバリングの練習

飛行前の機体点検および周囲の安全確認を行ったら、いよいよ飛行開始です。まずは、機体から5m程度離れた後ろに立ち、機体を離陸させ目線高程度（高度約1・5m）まで上昇させます。このとき機体に異音や振動が発生していないか確認します。異常を感じたら直ちに着陸させましょう。なお、このような機体の動作確認は、飛行時は必ず行うようにしましょう。

機体の動作確認を行ったら、いよいよ飛行練習を行います。まずは、機体の基本動作であるホバリングを安全に行えるように練習を行います。なお、ホバリングとは、機体を一定の位置と一定の高度を保って飛行させることをいいます。

機種によっては、GPSやセンサによって位置や高度を一定に保つものもありますが、安全に飛行させるにはこれらの機能を使わなくても飛行させることができる操縦技術が求められています。そのため、操縦技術の目標としては、GPSによる位置制御やほかのセンサによる高度維持制御システムを使用しなくても目標ポイントの上空で機体を維持できるように練習します。なお、風の影響がある場合は、常に修正舵を操作する必要がありますが、小さく、素早く操作することがポイントとなります。

次に機体の上昇、降下の練習を行います。マルチコプターの場合、スロットルを上げることで機体は上昇し、下げることで降下します。一般的に機体の上昇時に比べ、降下時はプロペラの吹き降ろしの風の影響を受けるため、機体が振動しやすく、不安定になります。特に、上昇気流のある場所ではなかなか降下できないことがありますので、注意が必要です。プロペラの吹き降ろしによる影響を小さくするには、斜めに降下させたり、螺旋状に降下させることが重要です。

要点BOX
- ●ホバリングの操縦技術を習得しよう
- ●降下時は機体が振動しやすく、不安定になる

操縦方法

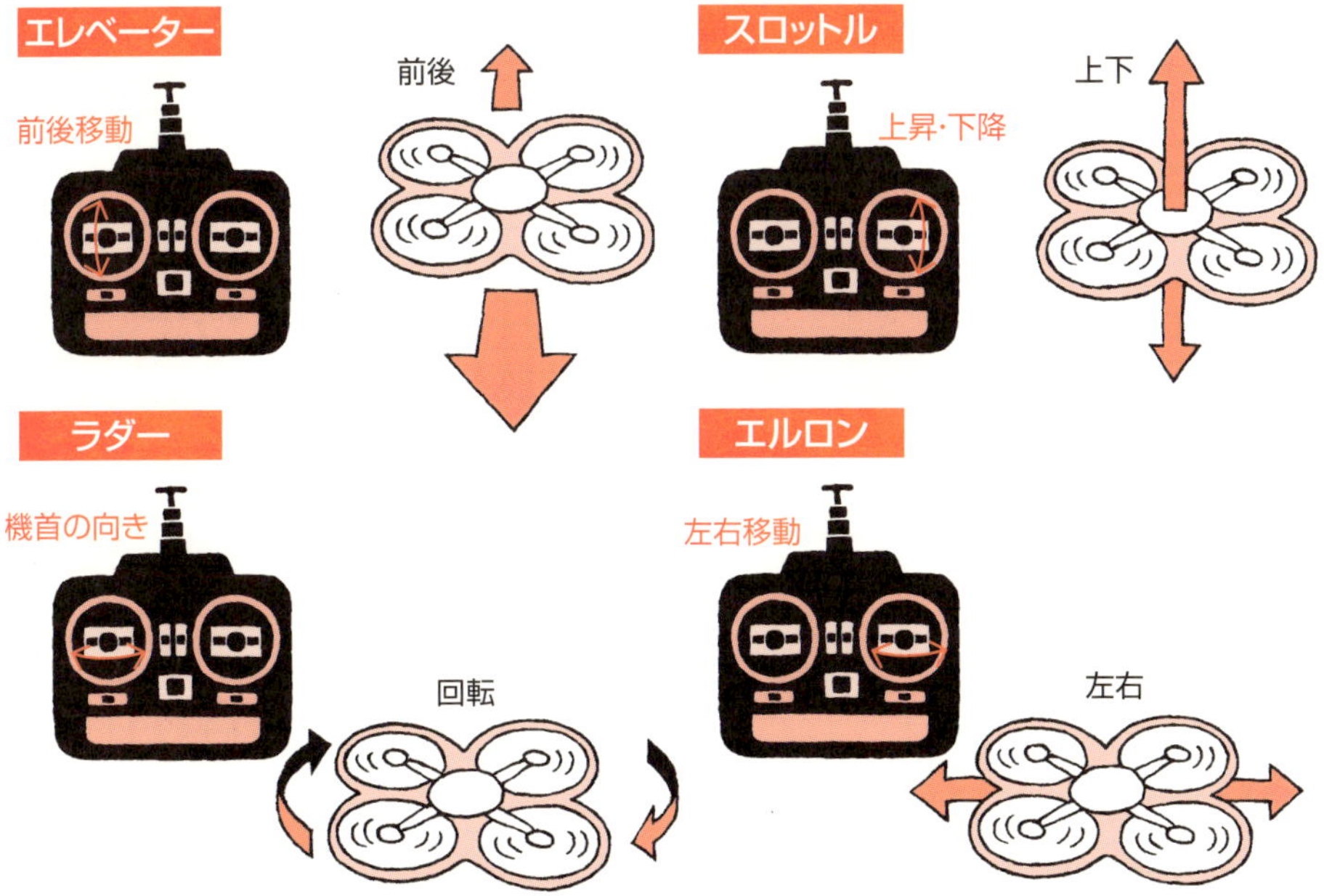

[基本操作] 上昇・下降

目標：スロットルを操作し、指定した高度でホバリングでき、かつ確実な離着陸ができること

①高度0.5m以下でスムーズに離着陸
②高度0.5m以下でのホバリング1分
③目の高さ（約1.5m）でのホバリング1分

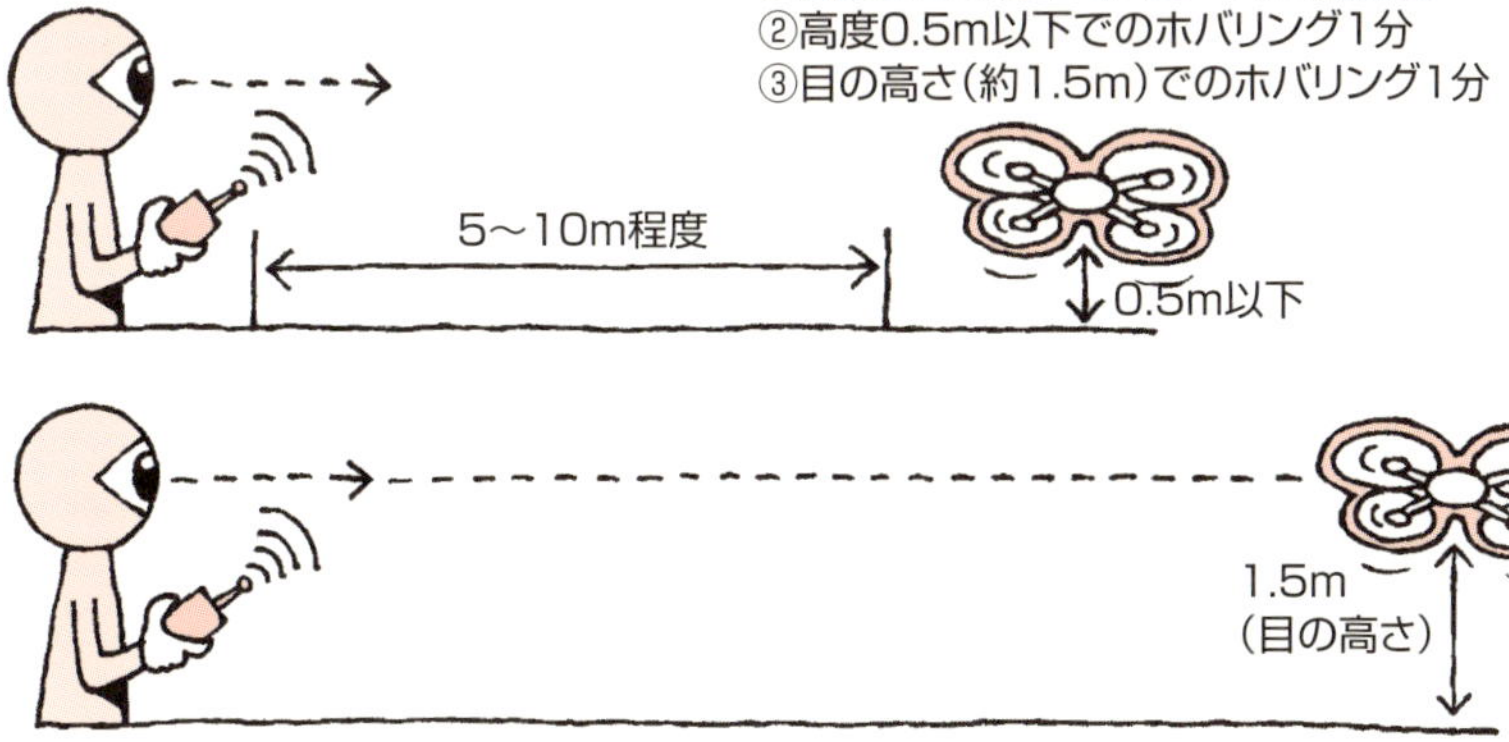

ポイント

○機体の真後ろに立ち、姿勢をよくします。
○スロットルは急な上げ下げは行わず、徐々に操作します。
○上昇しすぎたら→スロットルを下げます。
○下降しすぎたら→スロットルを上げます。

38 前進・後退、左右の移動の練習

移動を自由に行う技術を身に付けよう

ホバリングで安定して飛行できるようになったら、次は機体の左右移動、前後移動を練習します。操縦者は、機体を左右に移動させる場合、目標ポイントまでの距離感を把握しやすいのに対し、前後の移動は遠近感をつかみにくいので十分注意が必要です。また、左右移動、前後移動に共通してスティックの操作は徐々に行うようにしましょう。スティックの操作量に応じて、ドローンの動きは大きくなります。いきなり大きくスティックを操作しないように心がけましょう。

左右移動の練習は、機体の離陸地点を中心に左右5m程度の位置に目標ポイントを設定し、高度1・5m程度でポイント上空へスムーズに移動できるように練習します。初めは、ゆっくりとした速度から練習し、慣れてきたら少しずつ移動速度を上げ、速度が早くても正確に移動できるように繰り返し練習します。スティックの操作量により、機体がどのような動きをするかを確認しつつ、操作に慣れていきましょう。なお、移動速度が速い機体は、舵をニュートラルにしても急には停止できないため、停止する瞬間に進行方向と反対の舵を少し入れることで思い通りの位置に止めることができます。

前後移動の練習は、離陸地点から前方5mの位置に目標ポイントを設定し、高度1・5m程度でポイント上空へスムーズに移動できるように練習します。なお、初めは、左右移動の練習と同様にゆっくりした速度で練習し、慣れてきたら徐々に速度を上げます。遠近感を把握するまでは、横から補助者が目視による指示を出す状態での練習が有効です。左右移動と同様に、スティックの操作量と機体の動きを確認しながら、操作に慣れていきましょう。ただし、操縦者より後方に機体を移動させた場合、舵の方向と機体の動きが逆になるので注意が必要です。

要点BOX

- ●前後移動は遠近感をつかみにくい
- ●速度が早くても正確に移動できるように繰り返し練習

[基本操作] エルロン

目標：エルロンを操作し、指定した位置に左右移動、確実にホバリングできること

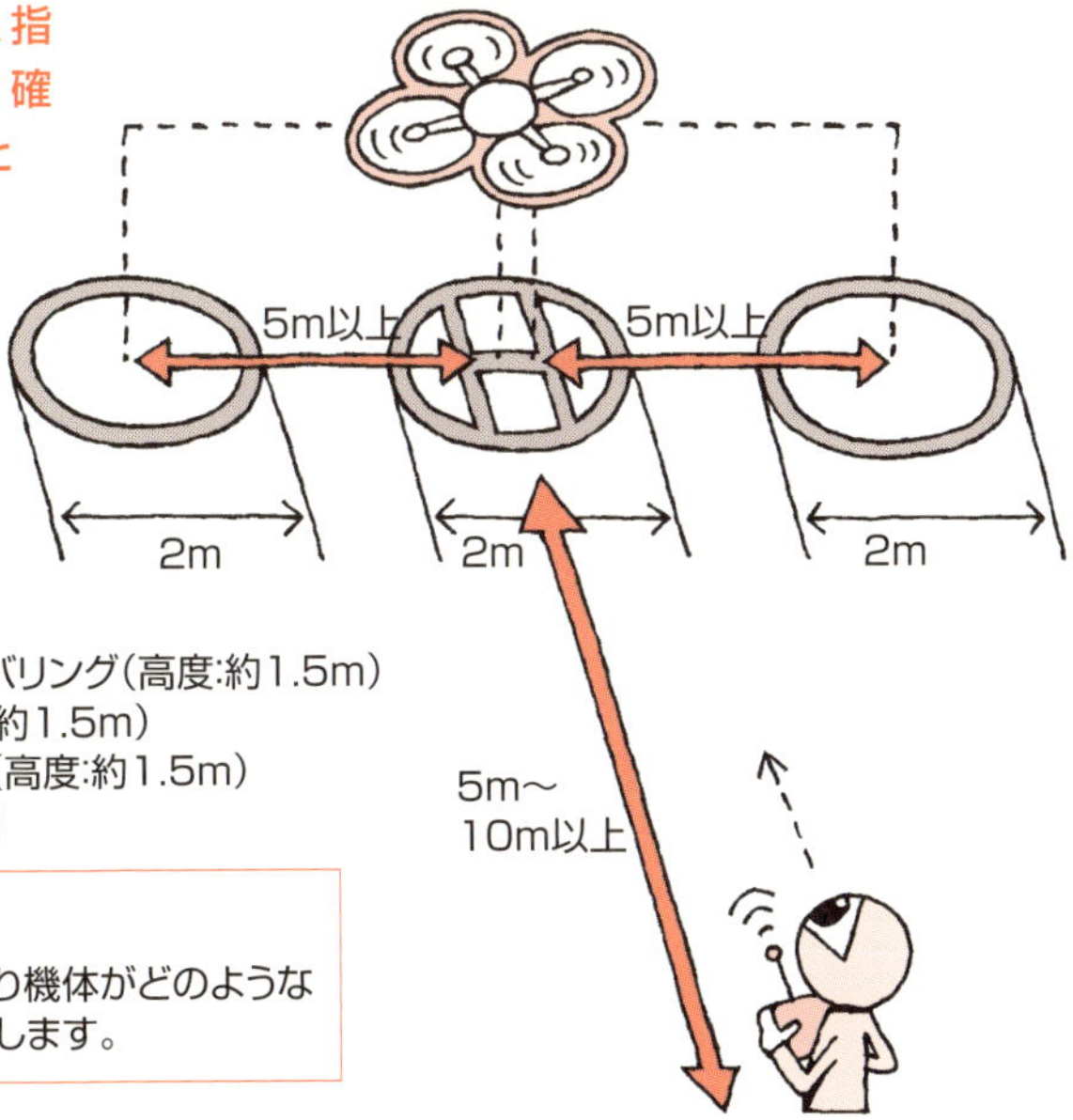

①2m円内で離陸後、ホバリング（高度:約1.5m）
②左右5mの移動（高度:約1.5m）
③2m円内でホバリング（高度:約1.5m）
④初期の2m円内で着陸

ポイント

○エルロン操作により機体がどのような動きをするか確認します。

[基本操作] エレベーター

目標：エレベーターを操作し、指定した位置に前後移動し、確実にホバリングできること

①2m円内で離陸後、ホバリング（高度:約1.5m）
②前後5〜10mの移動（高度:約1.5m）
③2m円内でのホバリング（約1.5m）
④初期の2m円内で着陸

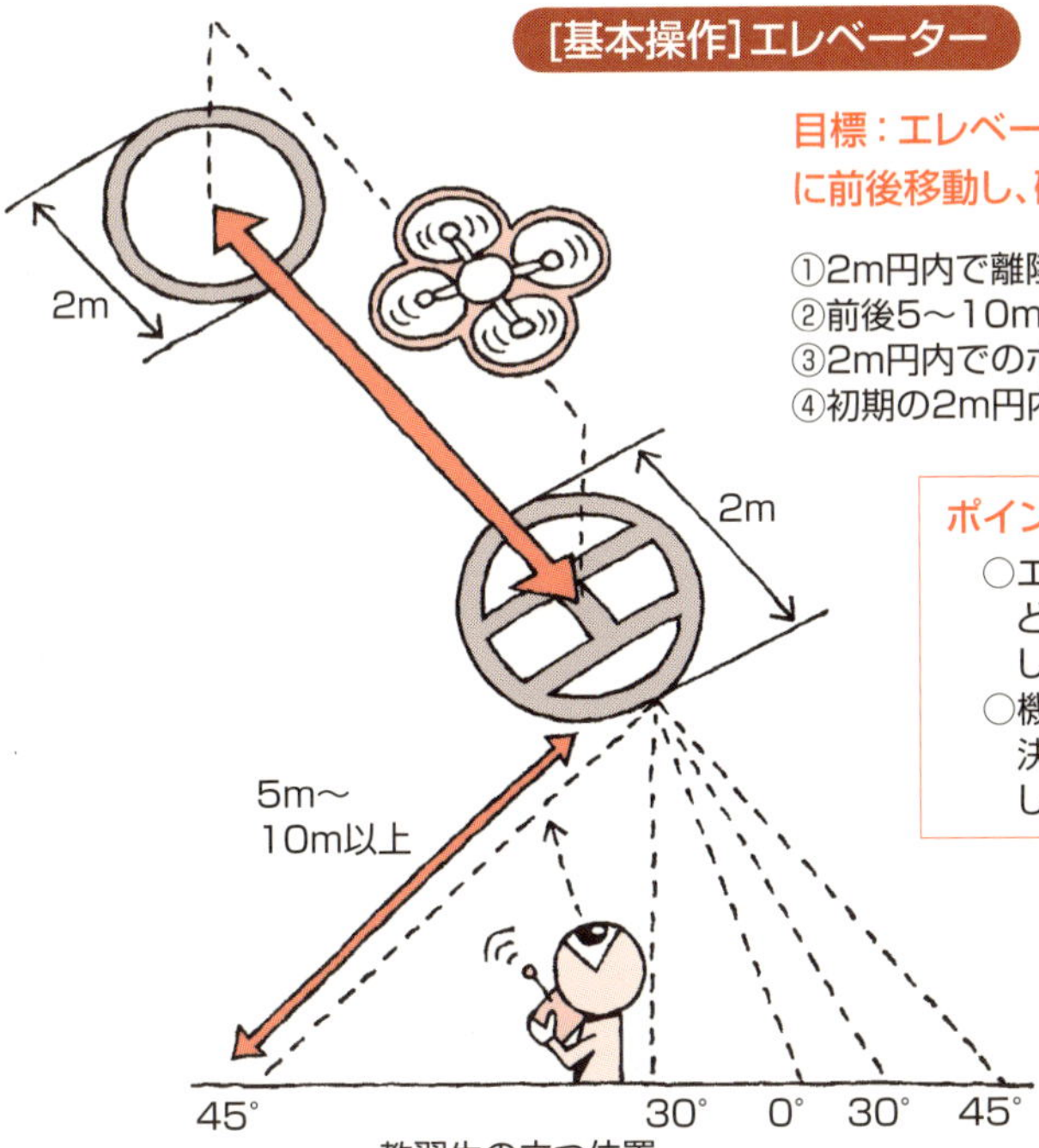

ポイント

○エレベーター操作により機体がどのような動きをするか確認します。

○機体の斜め後方に立ち、決して真後ろに立たないようにしましょう（45°〜15°）。

39 プライバシーへの配慮

リスクと伴うため十分な配慮が必要

ドローンによる撮影は楽しいものですが、ドローンによる撮影行為により、他人のプライバシーや肖像権といった権利を侵害する可能性があります。他人への迷惑行為や、プライバシー侵害等にならないように、撮影時には配慮が必要です。

総務省は、２０１５年６月に「ドローンによる撮影映像等のインターネット上での取扱に係わるガイドライン（案）」（以下、ガイドライン）を発表しました。ドローンを利用すれば、簡単な方法で空からの撮影を行う事ができますが、被撮影者の同意なしに映像等を撮影し、インターネット上などで公開することは、民事・刑事・行政上のリスクを負うことになります。

ドローンにより映像等を撮影し、インターネット上で公開を行う者は、被撮影者の同意を得る事が前提です。ただし、同意を得ることが難しい場合、ガイドライン中では、具体的に注意すべき事項として、以下の３つが挙げられています。

①住宅地にカメラを向けないようにするなど撮影態様に配慮すること

②プライバシー侵害の可能性がある撮影映像等に、ぼかしを入れるなどの配慮をすること

③撮影映像等をインターネット上で公開するサービスを提供する電気通信事業者においては、削除依頼への対応を適切に行うこと。

ただし、プラバシー等の侵害に当たるかどうかは、内容に左右される面が大きく、最終的には事例ごとの判断となるので、ドローンにより映像等を撮影したインターネットで公開を行う行為は、上記を満たしたとしても、一定のリスクは残る事になりますので、十分注意してください。

要点BOX

●被撮影者の同意なしに映像等を撮影し公開することは、民事・刑事・行政上のリスクを負うことになる

具体的に注意すべき事項（総務省ガイドラインより）

①住宅地にカメラを向けないようにする

②プライバシー侵害の可能性がある撮影映像等に
ボカシを入れるなどの配慮をする

③撮影映像等をインターネット上で公開するサービスを提供する事業者は、
削除依頼の対応を行うこと

40 目視範囲とドローンの見え方

VLOSで飛行させる

ドローンの操縦においては、ドローンを直接見て、ドローンの姿勢や進行方向、異常が起きていないかなどの確認、またドローン周囲の状況を確認して飛行させる事が基本です。

自分の目視で見通せる範囲（目視範囲）の事を、VLOS（visual-line-of-sight）と呼びます。航空法（52項参照）や、国土交通省航空局が出している「無人航空機（ドローン、ラジコン機等）の安全な飛行のためのガイドライン」では、ドローンを飛行させる場合のルールとして、「目視範囲内で無人航空機とその周囲を常時監視して飛行させること」と定めており、このルール外の目視範囲外で飛行させる場合には、国土交通大臣の承認が必要です。

目視範囲の距離については、操縦者の視力・能力、天候、ドローンの大きさや装備によって異なるため、一概に決められません。参考までに、大きさ50㎝ほどのドローンを距離30ｍ、50ｍ、１００ｍ、１５０ｍと離れて撮影した画像を示します。距離30ｍ程度では、操縦者からも、機体の向きや挙動などがわかります。距離50ｍほどになると、機体の挙動は把握が難しくなり、距離１００ｍほどでは、機体はほぼ点にしか見えません。距離１５０ｍでは、機体がどこにあるかもわからず、手元に戻すのも難しくなります。距離が離れるとドローンの操縦が困難になることがわかると思います。

機体の向きや挙動がわからなければ、突然の風や周囲の変化に対して、操縦者は対応することはできません。望遠鏡などがあれば、遠距離であっても機体を見ることができますが、今度は視野が狭まるため、周囲の状況を把握できず、かえって危険になることもあります。ドローンと操縦者の距離は、常に注意し、見失って操縦を誤ることがないようにして飛行させましょう。

要点BOX
- 目視範囲外で飛行させる場合には、国土交通大臣の許可が必要
- 距離が離れると状態把握が困難

原寸大ドローンの見え方

30m

見える

50m

機体の挙動は把握困難…

点にしか見えない…

どこにあるの??

41 飛行中に発生するトラブル

トラブル要因を把握

ドローンの飛行中には、さまざまなトラブルが発生することがあります。次に、トラブルの要因例をいくつか挙げましょう。

①ドローンに関係する要因

電波・通信遮断（電波障害）、モーターの停止、GPSエラー、バッテリー切れ、など

②外部要因

天候急変による雨、突風、構造物・地形等による巻き風、バードストライク、など

③人的要因

スティック、各スイッチの操作ミス、飛行前の準備ミス（バッテリー残量チェック等）など

上記のようなトラブルが発生した場合でも、トラブル発生時の対応などを事前に想定しておくなどし、現場で冷静に対処すれば、安全に着陸させる事ができます。また、ドローンの中には、①ドローンに関係する要因で異常が発生した場合でも、安全に着陸等を行うための安全機能を備えている機能（フェールセーフ機能）を備えている機体もあります。ただし、操縦者は、自ら操縦するドローンのフェールセーフ機能が、どのようなトラブル時に発生し、どのようにドローンが動くのか、フェールセーフ機能の設定やその際のドローンの飛行について、事前によく確認することが必要です。

フェールセーフ機能の代表例として、「バッテリー切れ」になった場合、「事前に指定した電圧までバッテリー残量が減った場合（電圧低下）」に、離発着場所への帰還、またはその場への不時着」があります。

ただし、ドローンのフェールセーフ機能があっても万全ではありません。どんなときでも自らの操縦でドローンを安全に着陸させる、もしくは最低限、人や第三者に影響のないようにするなどの対処が行えるように、日頃、安全な場所での練習や事前の想定などが必要です。

要点BOX

●トラブル発生時の対応などを事前に想定
●どのようなときに発生するフェールセーフ機能かを熟知しておく

ドローンに関係する要因

●バッテリー切れ

●GPSエラー

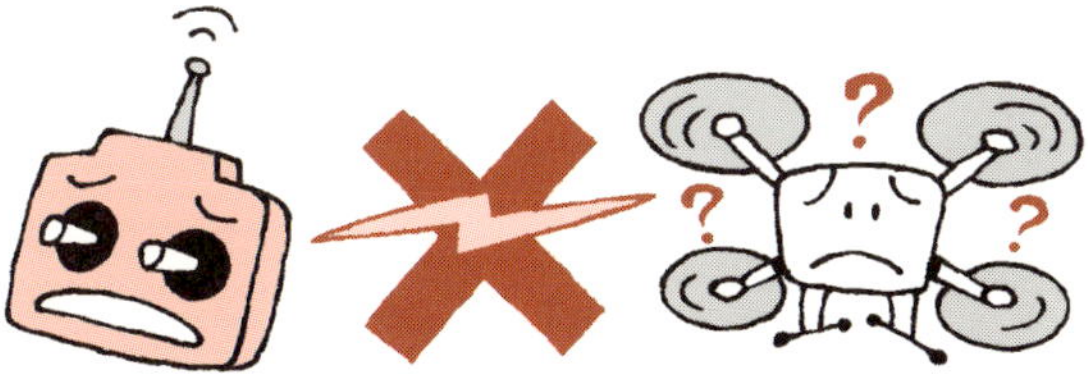

●電波・通信遮断
（電波障害）

外部要因

●天候急変による
雨・突風、巻風等

人為的要因・操作ミス

●操作ミス

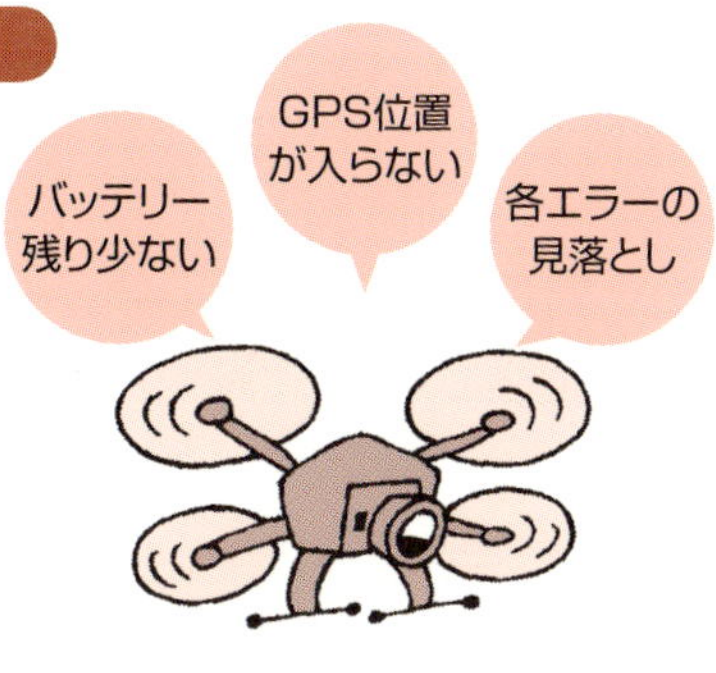

●飛行前の準備ミス

42 ドローンの墜落

事故発生時の対応

ドローンが墜落したときには、さまざまな対応が必要になります。

①非常時の連絡体制

・ドローンの操縦者は、常に非常時における対処を想定し、飛行の前に緊急連絡先を準備してください。

・もし、事故が起こった場合は、何よりも人命を優先すると同時に、二次災害が起こらないように十分に注意を払って対処してください。

・必要に応じて、最寄りの救急病院、警察、消防等に速やかに連絡してください。

②バッテリー

機体が墜落したときは、バッテリーに損傷がない場合でもバッテリーを機体から外して可燃物から離れたところに置き、15分以上そのままにして発熱、変形などの異常がないことを確認してください。衝撃から時間がたってから発熱・発火することがあります。

③事故後の報告

・万が一、「人の死傷、第三者の物件の損傷、飛行における機体の紛失又は航空機との接触若しくは接近事案が発生した」場合には、事故後に速やかに許可等を行った国土交通省航空局や空港事務所等に報告しなければなりません。

・報告については、国土交通省航空局安全部無人航空機窓口に連絡してください。

④事故の後処理

・ドローンは産業廃棄物の対象製品です。むやみに廃棄した場合には産廃法により、処罰の対象となる恐れがあります。また他人に拾われ、悪用される恐れも考えられます。事故後、ドローンは必ず回収しましょう。山間部など回収が難しい場所での対応方法はあらかじめ想定しておきましょう。

・保険に加入している場合は、保険会社や警察など関係機関と連携し迅速に処理しましょう。

要点BOX

- どんなときでも人命が最優先
- バッテリーによる発火などの二次災害にも注意する

ドローンによる事故発生時

①非常時の各種連絡

操縦者、補助員、土地所有者、緊急連絡先
（警察、消防、救急）の非常時連絡先の事前把握

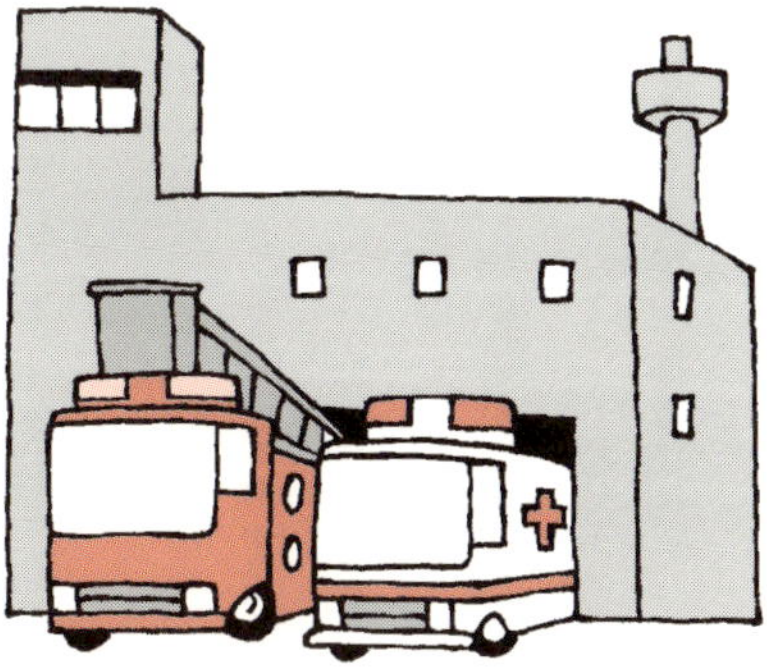

②バッテリー等の処理

火災の発生が考えられるため、使用してはいけません。
速やかに難燃性の容器に入れ、火災の危険がない場所に移動させましょう。

③国土交通省への事故報告

事故時の状況、操縦者氏名、ドローン名

・連絡先　国土交通省　航空局　安全部　無人航空機窓口
電話：03-5253-8111（内線50157、50158）
http://www.mlit.go.jp/koku/koku_tk10_000003.html

無人航空機に係る事故等の報告書

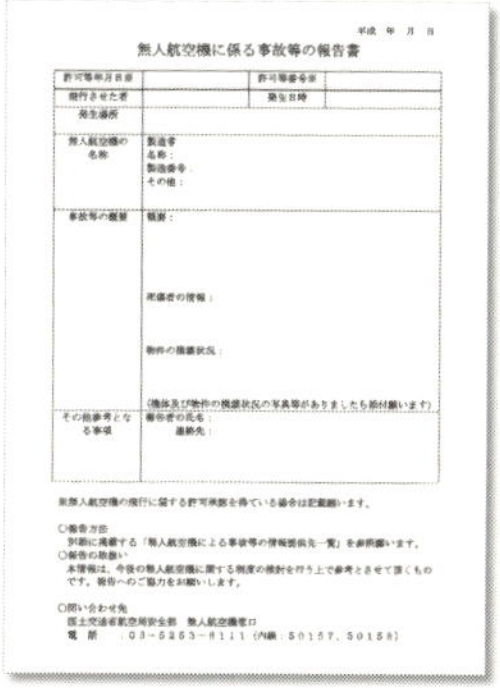

平成　年　月　日

無人航空機に係る事故等の報告書

許可等年月日※		許可等番号※	
飛行させた者		発生日時	
発生場所			
無人航空機の名称	製造者 名称： 製造番号： その他：		
事故等の概要	概要： 死傷者の情報： 物件の損壊状況： （機体及び物件の損壊状況の写真等がありましたら添付願います）		
その他参考となる事項	報告者の氏名： 連絡先：		

※無人航空機の飛行に関する許可承認を得ている場合は記載願います。

○報告方法
別紙に掲載する「無人航空機による事故等の情報提供先一覧」を参照願います。
○報告の取扱い
本情報は、今後の無人航空機に関する制度の検討を行う上で参考とさせて頂くものです。報告へのご協力をお願いします。

○問い合わせ先
国土交通省航空局安全部　無人航空機窓口
電　話　：03-5253-8111（内線：50157、50158）

43 高度な飛行

自由自在の操作できるようにしよう

これまでは、機体の向きは機体の後ろからでホバリング、前進・後退・左右移動を行いました。次は、機体の向きを変えて飛行させてみましょう。機体の向きを変えるにはヨーを操作します。ヨーの操作時も、まずは徐々に操作しましょう。ヨーを操作し、機体の向きを正面から左45度、右に45度と繰り返し向きを変えて、機体の見え方を確認しましょう。慣れたら、正面から左90度、右に90度と同様に行っていきます。

次に機体の向きを変更した状態で前進移動をしてみましょう。機体の向きを正面から左90度に変えて前進、180度回転して、機体の向きを正面から右90度に変えて前進を行います。操縦者が、機体と一緒に90度回転したと考えて操縦するとわかりやすいです。慣れない内は、プロポを機体の向きと同じ方向に向けて操縦するなどで、徐々に慣れていきましょう。

次に、機体の向きを、操縦者側に向けて操縦してみましょう。機体の前面が操縦者の方向を向いている状態を対面と呼びます。対面の飛行では、ピッチ（前後）・ロール（左右）の操作が逆になりますので、ミスが多くなります。何度も繰り返し練習し、自然と切替えができるようになりましょう。

機体の向き変更、対面の飛行に慣れたら、機体の向きを変えながら、四角を描くように飛行してみましょう（スクエアフライト）。数m進み停止・ホバリング、機体の向きを90度変えて数m前進を繰り返し、四角を描くように飛行します。機体の向きが変わるたびに見え方、操作の方向が違ってくるので注意しましょう。右回り、左回りなどを繰り返して訓練しましょう。

要点BOX
- ラダーを駆使して停止
- 機体の向きに合わせて操作の方向が変わるスクエアフライト

[基本操作]ラダー

目標：ラダーを操作し、指示した向きで停止できること

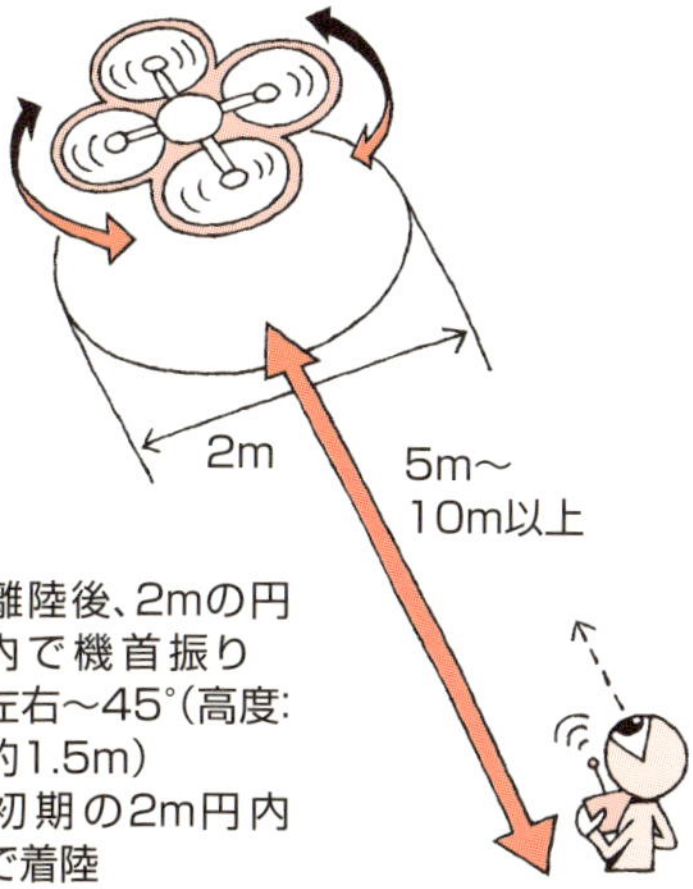

①離陸後、2mの円内で機首振り左右～45°(高度:約1.5m)
②初期の2m円内で着陸

ポイント

○ラダー操作により機体がどのような動きをするか確認します。

前後移動

スロットル+エルロン+エレベーター+ラダーでの操縦

目標：すべての舵を操作し、一定の高度を保ちつつ、機首を右に向けて右方向へ移動、同じく機首を左に向けての左方向への移動ができること

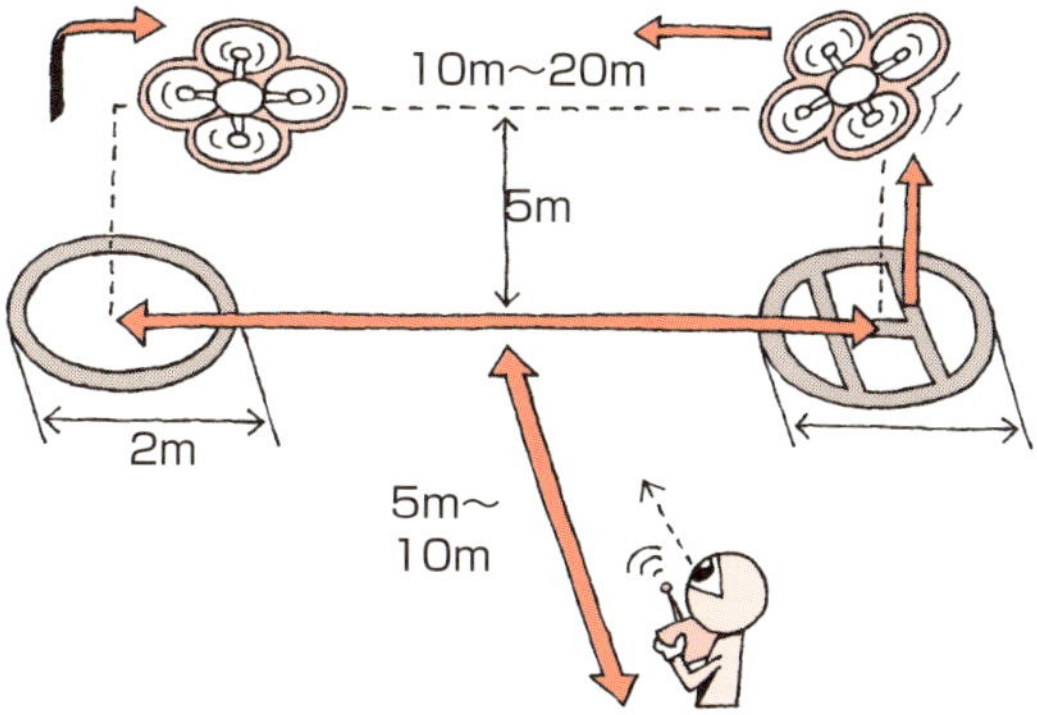

①2mの円内で確実な離陸(高度:5m)
②機首を左に向けて前進移動。
③2m円内でのホバリング(高度:5m)
③機首を右に向けて、前進移動
④2mの円内での離着陸(高度:5m以下)

ポイント

○プロポを機首と同じ方向に向けて操作するなどで徐々に慣れていく。

水平移動

スロットル+エルロン+エレベーター+ラダーでの操縦

目標：すべての舵を操作し、一定の高度を保ちつつ、5～10m×5～10mの方形を左回りと右回りができるように前後左右移動し、確実な離着陸ができること

①2mの円内で確実な離陸(高度:3～4m)
②5～10m×5～10mの方形を右回り1周(高度:3～4m)
③5～10m×5～10mの方形を左回り1周(高度:3～4m)
④2mの円内で確実な着陸(高度:3～4m)

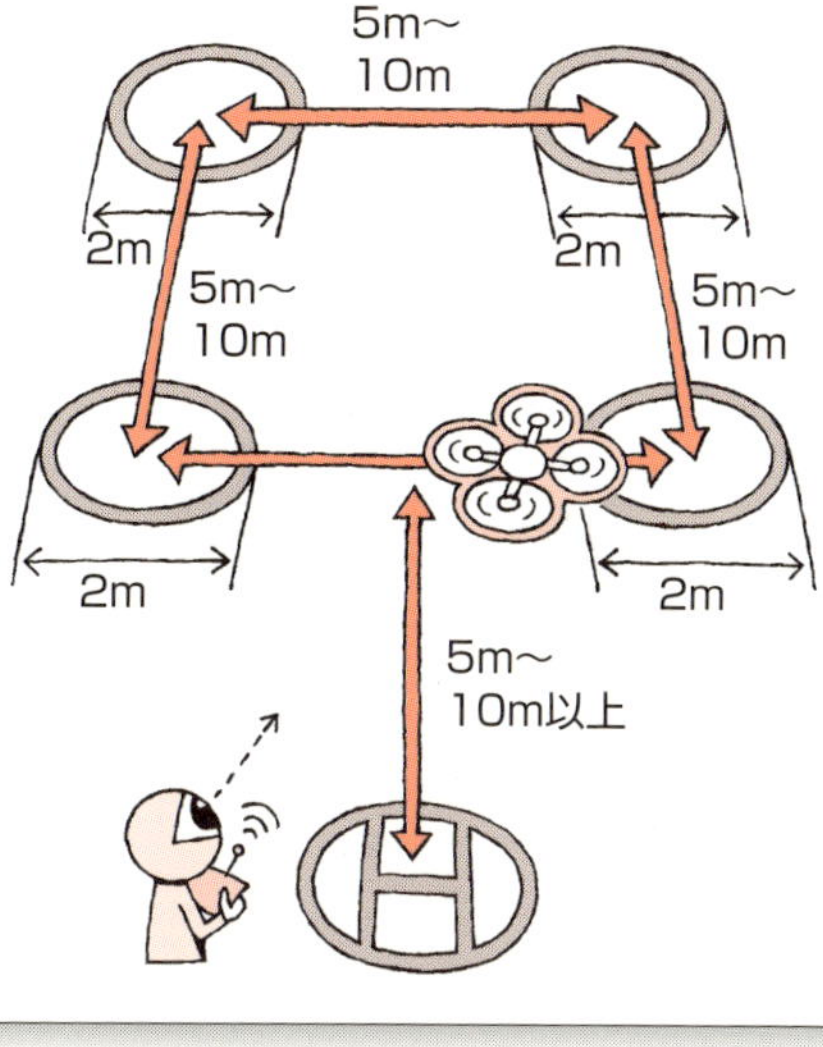

44 FPV飛行

自分がドローンに乗っているような感覚

FPVとは、「First Person View」の略であり、一人称視点という意味です。

FPVの飛行とは、ドローン視点で映像を見ながらドローンを飛行させることです。FPV飛行では、さながら、自分がドローンに乗っているような感覚を楽しむことができます。最近ではドローンレースにも使用されており、迫力・スピード感のある映像を見ながら、操縦することができます。

ただし、すべてのドローンでFPV飛行ができるような機能を持っているわけではありません。ドローンでFPV飛行を楽しむには、最低限次の装備・機能が必要です。

①ビデオ撮影と映像出力ができるカメラ

②ドローンに搭載しカメラの映像を送る送信機と、映像を受信する受信機

③受信した映像を映すモニター（機種によっては、タブレット、スマホ、ゴーグルなどでも可）

市販のドローンでも、購入時に初めからFPVができるように、①②の機能を備えているものがあります。これらのドローンを購入すれば、モニターなどを準備すればすぐにFPV飛行を楽しめるでしょう。

ただし、FPV飛行においては、注意が必要です。ドローン視点の映像のみを見ていると、ドローンの周囲の変化や、機体の変化などを見落とす・または気付くのに遅れることがあり、危険につながる場合もあります。FPV飛行を行う場合は、周囲が安全な状況であることを確認し、通常の飛行訓練に慣れてから行うようにしましょう。

参考として、一人称視点で操作できるドローンについて次のウェブサイトがあります。

http://recreation.pintoru.com/dro-ne/fpv/

要点BOX

- ●迫力・スピード感のある映像を見ながら操縦できる
- ●周囲の安全を確認して行う

FPV飛行の様子と見える画像

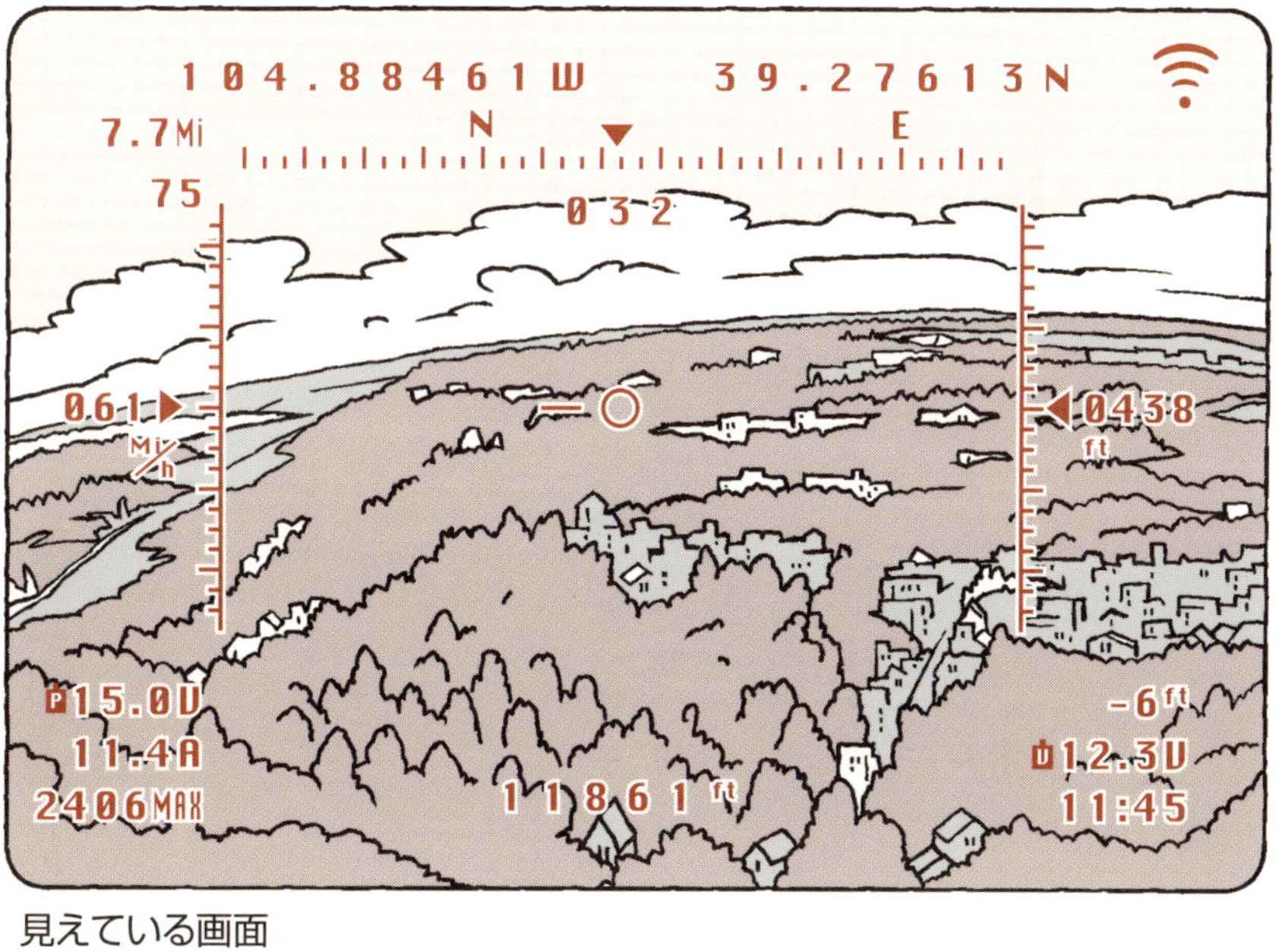

見えている画面

45 自動飛行

指定したルートで指令を実行

ドローンの操縦は、一般的なラジコンのようにプロポで行います。しかし、プロポによる手動操縦のほかに、指定したルートを自動で飛行することも可能です。

ドローンには、機体の制御装置（フライトコントローラー）、機体の挙動を把握するための取得する慣性センサ（加速度、ジャイロ）・圧力計（動圧，静圧）・コンパス、自動飛行などで誘導装置となるGPS受信機、機体を推進させるモーター・モーターコントローラー、燃料となるリチウムポリマーバッテリー、これらを搭載する機体フレーム、地上から司令管制を行う地上局（パソコンやタブレットなど）で構成されます。

①GPSによる自動飛行

自動飛行で重要なことは、ドローン自身の位置と目的地の座標です。

地図とGPSを組み合わせ、地図上の任意のポイントを複数指定することにより、ドローンの飛行ルートを自由に設定できます。また飛行ルートだけではなく、ドローンの高度や飛行速度、カメラの向きや角度などの細かな設定も可能です。

②GPS以外による自動飛行

完全にGPSを使わないものばかりではないのですが、精度や安全性を高めるためにGPSに頼らずに自律飛行をするドローンも増えてきています。

前後左右にセンサを設置することで、障害物を自ら避けて飛行するものや、レーザーによってデータを取得し、精密な3D地図を作製しながらそれに応じた飛行を行うものなど、さまざまなタイプがあり、現在でも開発が進められています。

要点BOX
- 地図とGPSを組み合わせて任意のポイントを複数指定して自動飛行
- 自律飛行をするドローンも登場

GPSを利用した自動飛行

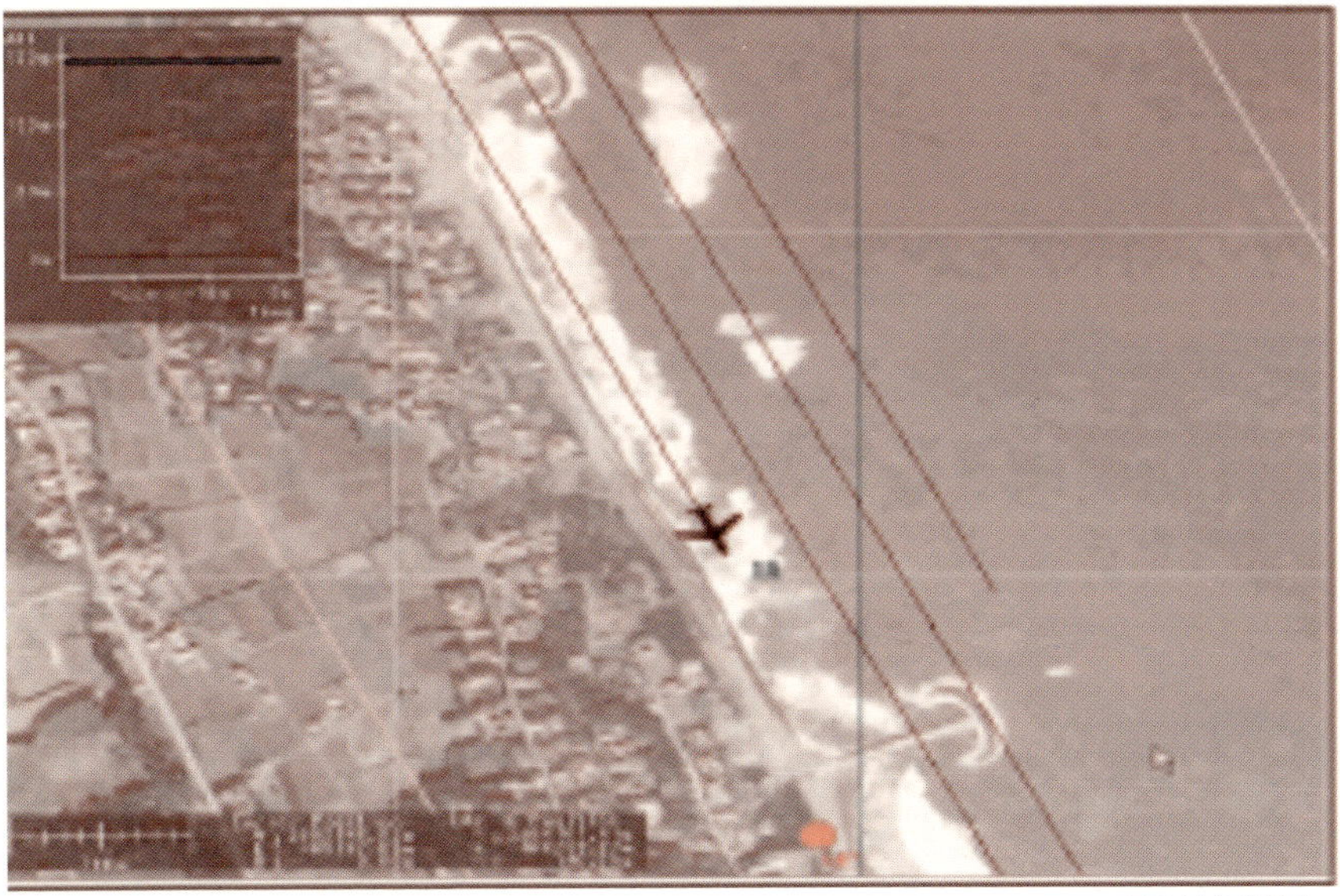

自動航行制御

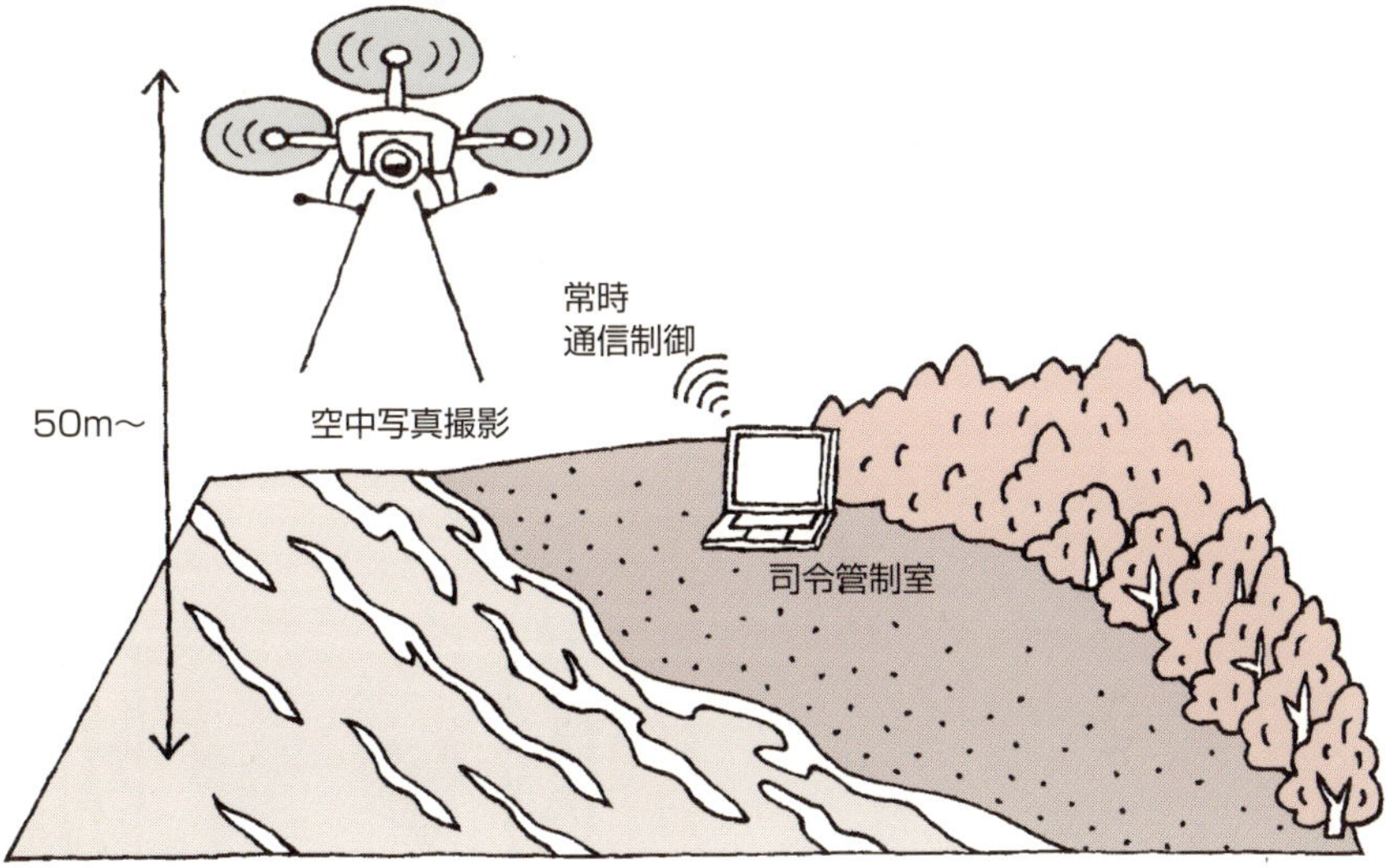

Column

室内での自動飛行

室内は空気も安定し、航空法の規制も受けないため手軽に誰でも飛行を楽しむことができる空間です。そのため昆虫形ドローンや手のひらに乗る固定翼機、ヘリコプターやマルチコプターなどを始め、壁を這うことができるもの、室内エアショウのシステムなど多くのドローンが提案されています。

昆虫形で有名なのはトンボ型や蜂型のものが発表されています。羽ばたいて飛行し、スマホなどで操縦します。人が乗る航空機の分類では羽ばたき飛行機（オーニソプターと言います）と言われる分野で、古くはダ・ビンチがスケッチを発表し、ドイツのリリエンタールが19世紀末に動力式オーニソプターを作ったことは有名です。日本でも18世紀末に沖縄の飛び安里が作ったことが知られています。

鳥型のドローンも提案されていますが、むしろ屋外で野生動物を驚かすことなく観察したり、管理する目的で産業用として提案されています。

室内でドローンをステージショウに利用し、ダンサーとの共演やイルミネーションショウに使う日子ぷ状況監視システムや飛行制御プログラムなどが開発され、使われています。

わが国では（社）日本航空宇宙学会が2004年から全日本学生室内飛行ロボットコンテストを開催しており、世界でもっと歴史のある室内ドローン競技会です。一般部門、自動操縦部門、マルチコプター部門、ユニークデザイン部門にわかれ、2016年は20を超えるミッションで技を競いました。毎年規模が大きくなり海外からも関心が寄せられています。

自作紙飛行機をドローンにする機械セット PowerupToys

パロット社の壁を這うドローン

第5章

安全に飛ばすには

46 落下の危険性

正常な飛行ができない状態になったとき

正常な飛行ができなくなったときには落下する危険があります。正常に飛行できなくなる主な原因には以下のような場合が考えられます。

①機体や操縦装置の部品などが故障し、正常に作動しなくなったとき

機体と操縦装置を合わせますとは電子部品や機構部品など、複雑なものでは1000を超える部品で構成されています。これらが故障した場合には正常な飛行ができなくなります。

②空気の流れの急変により、飛行の安定が保てなくなったとき

空気の流れは方向や強さなどが常に変化しています。急激な変化があれば正常な飛行ができなくなる場合があります。建造物の周囲、山間部、地表に近い高度などが変化の大きい場所として知られています。地表や水面に極めて近い高度では、プロペラが発生する気流が反射し、空気が乱れ機体が地面や水面に接触する危険が大きくなります。

③不要な電波で機体の制御ができなくなったとき

機体は地上操縦装置やGPSからの電波を頼りに飛行しています。操縦装置で使う電波に他の電波が混入した場合には機体が正常に飛行できなくなる場合があります。例えば近くで飛行させる人がいる場合に、その人の電波と混信する可能性があります。お互いに使用するチャンネルなどを調整し、混信を避ける注意が必要です。スマホからの電波は操縦装置の2・4GHz電波を共用しており混信の危険性があります。電子レンジからも混信電波が発生する危険性があります。高圧電線付近では電界が乱れたり、雑音電波が発生している可能性があり飛行には十分な注意が必要です。また、アマチュア無線のアンテナ付近、携帯電話の基地局付近も同様です。

④操縦者の操縦ミス

⑤電池の消耗（図参照）

要点BOX

- ●故障や混信の危険性
- ●気流の変化、天候の急変の危険性

落下の危険性

●部品の故障

●電池の消耗

●気流の急変

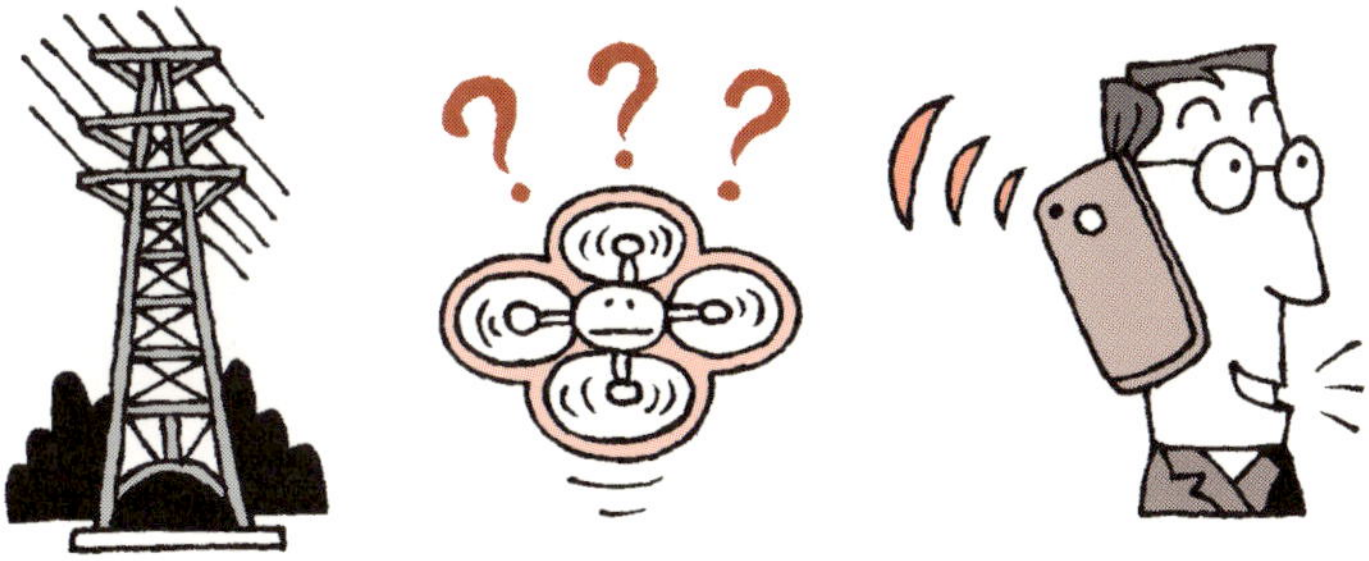

●不要な電波

●操縦ミス

47 リスクの考え方

ドローンの安全な運用のためにリスク管理を行う

ドローンの飛行には、乱気流や混信などさまざまな異常条件が生じることがあり、目的が達成できない場合や思わぬ事故につながる事態が想定されます。このような異常条件をリスクと呼び、リスクの発生を極力なくすこと、および万一リスクが発生した場合に適切に対処することがドローンの安全な運用にとって最も大事です。

リスクの発生源は、ドローンの機体や操縦装置などの機械の故障や不具合に由来するもの、飛行計画の設定方法や操縦方法、操縦者の身体の状況など人に由来するもの、気流や天候の急変、障害物の突然の出現など外部環境に由来するものに大別されます。

それぞれの発生源ごとに、想定されるリスクをチェックリストによって網羅し、その影響の度合いを想定しておくことをリスクアセスメントと言いますが、これによって、その対応策を作ることができます。

このような考えがリスク管理の基本です。

リスク管理は、ドローンの操縦技術、修理、保守の手順、要員の教育、組織の管理などを含めた安全管理システムのベースとなる重要な要素ですし、事故データの分析と合わせドローンの設計などに反映させ、改良や品質向上に反映させることとなります。

リスクアセスメントの手順は、一般に通用する標準的なものが日本工業規格（ＪＩＳ）などで定められており、参考となります。また、リスクの影響の度合いは左表のようなマトリックスにより評価する方法も標準化されています。最終的にはこれらをまとめ、リスクアセスメントシートにまとめる方法なども標準的な方法として提案されており参考になります。

これらは一つの参考です。ドローンの運用経験を反映した、実際に使いやすいチェックリストの作成が関係者によって進められています。

要点BOX
- 想定されるリスクをチェックリスト化し、影響度合いを想定
- リスクアセスメントシートを活用

リスク評価マトリックスの例

頻度＼結果	破局的な	重大な	軽微な	無視できる
頻繁に起こる	Ⅰ	Ⅰ	Ⅰ	Ⅰ
かなり起こる	Ⅰ	Ⅰ	Ⅱ	Ⅱ
たまに起こる	Ⅰ	Ⅱ	Ⅲ	Ⅲ
あまり起こらない	Ⅱ	Ⅲ	Ⅲ	Ⅳ
起こりそうにもない	Ⅲ	Ⅲ	Ⅳ	Ⅳ
信じられない	Ⅳ	Ⅳ	Ⅳ	Ⅳ

（JIS C 0508-5、附属書Cより）

リスク軽減の必要

Ⅰ：許容不可
Ⅱ：推奨できない
Ⅲ：許容可能（ただしコスト高の場合）
Ⅳ：無視可能

リスクとのトレードオフ

リスクアセスメントシートの標準例

表紙

<table>
<tr><td colspan="3">対象機器名称</td><td>実施者</td><td>実施日</td></tr>
<tr><td colspan="3"></td><td>（立案者、リーダー、チーム参加者、承認者等）</td><td>初回:
（改訂履歴）</td></tr>
<tr><td colspan="2">ライフサイクル該当段階</td><td></td><td>分析方法（ツール）</td><td></td></tr>
<tr><td rowspan="3">使用上の制限</td><td colspan="2">意図した使用</td><td colspan="2" rowspan="3">リスクの見積／評価基準

算出式
リスク点数（R）＝危害の酷さ（S）×危害の発生確率（Ph）

判定基準
3≦R≦6　十分低い／無視できる
7≦R≦14　低い～中程度／条件付き受容／検討を要する
15≦R≦44　高い／受容できない</td></tr>
<tr><td colspan="2">合理的に予見できる誤使用</td></tr>
<tr><td colspan="2">意図した空間／時間制限</td></tr>
</table>

ここの内容を充実させることが重要（分析品質に関わる）

初期アセスメント

危険源同定						リスク見積			
段階	No.	危険源	危険状態／危険事象	想定危害	対象者	危害の酷さS	危害の発生確率Ph	リスク点数R	備考

48 フェールセーフの考え方

より安全側に作動する仕組みを組み込む

人間は間違った操作をすることがあります。また、機械やシステムは故障することがあります。人には間違った動作（ヒューマンエラー）が付きものであり、機械には故障（トラブル）が必ず発生するとの前提で、これらが発生したとき、影響が拡大しないように、安全側に作動するような仕組みを予め設計に盛り込む考え方をフェールセーフと言います。

例えば、石油ストーブが転倒したとき、自動的に消火する仕組みや、停電時には踏切の遮断機は必ず降りる仕組みなどがその例です。フェールセーフは設計時に予め組み込んでおかなければなりません。

ドローンの場合、飛行中に電池がなくなると重大事故につながる危険性がありますので、フェールセーフで設計されたドローンでは、電池容量が少なくなると出発地点に自動帰還する、あるいはホバリング状態にして、指令を待つなどの機能を持つものがあります。

またGPS電波やコントローラーからの電波が何らかの理由で受信できなくなったときにもホバリング状態などにする機能を持つものがあります。

マルチコプターや大型のドローンなどでは複数のモーターや複数のエンジンが使われます。万一モーターやエンジンの一部が故障して停止しても、残る正常なモーターやエンジンによって墜落などの重大事故を防ぐ工夫がなされたものもあります。

一方、人間が間違った操作をしても機械やシステムに異常が発生しないように設計することをフールプルーフと言います。電池ボックスは正しい方向や極性でしか収納や接続できないようにしたり、ブレーキペダルを踏まないとパーキングの位置からレバーを動かせないようにしたりする例が知られています。マルチコプターのプロペラは右回転用と左回転用がありますが、間違って取り付けできないように工夫されているものがあります。

要点BOX
- ●安全設計を組み込んだドローン
- ●人間が間違った操作をしても異常発生しないフールプルーフ

踏切の遮断機の安全設計

踏切の遮断機は停電時に必ず降りる仕組みになっている

故障・不具合の例	停電
避けるべき致命的な事象	遮断機が降りないことによる、列車と人や自動車などとの衝突
フェールセーフ設計	通電時は電力で遮断機を支持し、通電が止まると重力により遮断機が降りる設計

家庭用機器の安全設計

ガスコンロには自動消火機能や空焚き防止機能がある

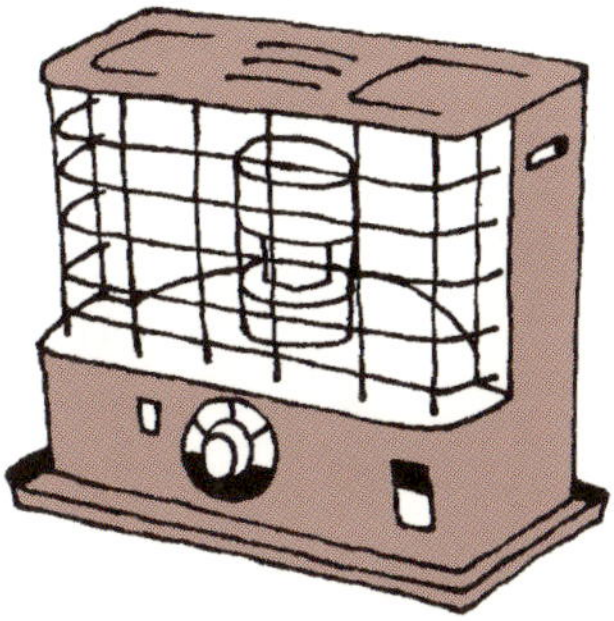

石油ストーブには転倒したときに自動消火する機能がある

49 飛行計画の立案、飛行ログの保存

飛行計画を提出する場合

難しい飛行や国土交通大臣の許可・承認が必要な飛行を行う場合には、予め飛行計画を作って安全を確認します。飛行計画は飛行ルートおよび飛行方法、安全管理方法、国土交通省あるいは第三者などの許可が必要な場合にはその手順と確認、飛行現場での人員や機材、事故時の対処、保険などを網羅した計画書です。

飛行ルートの設定は、航空法や飛行禁止法で定める重要設備や空港、人口集中地域（DID）、イベント会場のほか消防やドクターヘリの飛行情報や、高圧送電線、道路、鉄道、船舶、工場、第三者の土地の上空など避けるべき場所や許可が必要な場所を考慮して設定します。山岳地帯辺など気流の不安定なルートやGPSなどの電波条件の悪化が想定されるルートではそれなりの考慮をしましょう。

国土交通省航空局の航空情報センター（AISセンター）から、航空機パイロット等に注意を喚起する情報「ノータム」（notice to airmanの略）が発行されています。航空機等の飛行計画や空港周辺の空域などが詳細に表示されていますので、一つの参考情報になります。

飛行にあたっては飛行時間やルート、気象条件などの飛行ログを記録に残し、今後の改善や事故時の解析に役立たせるようにします。飛行ルートを自動的に記録するソフトウエアサービスも実用化されていますので利用するとよいでしょう。

（一社）日本UAS産業振興協議会（JUIDA）が（株）ゼンリン、ブルーイノベーション（株）と共同で提供する「SORAPASS」は飛行禁止エリアなどの表示や飛行計画立案、許可申請書作成、機体管理、飛行ログの管理などが行える、日本で唯一のドローン飛行支援地図サービスです。JUIDAのホームページ（https://uas-japan.org/）からアクセスできます。

要点BOX
●ドローンの飛行ルート、飛行方法の計画を作る
●飛行計画作成の便利なツールを使う

飛行計画の例【国土交通省への飛行許可申請書を参考に編集】

管理番号　　　　飛行プロジェクト名　　　　　　　　作成　　年　　月　　日

飛行の目的	□空撮　□報道取材　□警備　□農林水産業　□測量 □環境調査　□設備メンテナンス　□インフラ点検・保守 □資材管理　□輸送・宅配　□自然観測　□事故・災害対応等 □趣味　□その他（　　　　　　　　）		
プロジェクトの詳細内容	プロジェクトの目的、必要な成果物、行計画【準備段階、実施段階、事後処理段階】ごとの時間配分、関係者リスト、連絡先リストなど		
飛行の場所・経路	広域図　　　　　　　　詳細図		
操縦者氏名			
飛行の高度	地表等からの高度	m	海抜高度　　　m
飛行禁止空域を飛行させる場合とその理由	□進入表面、転移表面若しくは水平表面又は延長進入表面、円錐表面若しくは外側水平表面の上空の空域（空港等名称　　　　　　） □地表又は水面から150m以上の高さの空域 □人又は家屋の密集している地域の上空		
	（理由）		
特別な飛行方法により飛行させる場合とその理由	□夜間飛行　□目視外飛行 □人又は物件から30m以上の距離が確保できない飛行 □催し場所上空の飛行　□危険物の輸送　□物件投下		
	（理由）		
無人航空機の製造者、名称、重量など			
無人航空機の機能及び性能に関する事項			
安全を確保する体制、チェックリスト	安全管理者　　安全チェックリスト		
その他の事項	【第三者賠償責任保険への加入状況】 □加入している（□対人　□対物） 保険会社名: 商　品　名: 補償金額:（対人）　　　（対物） □加入していない		

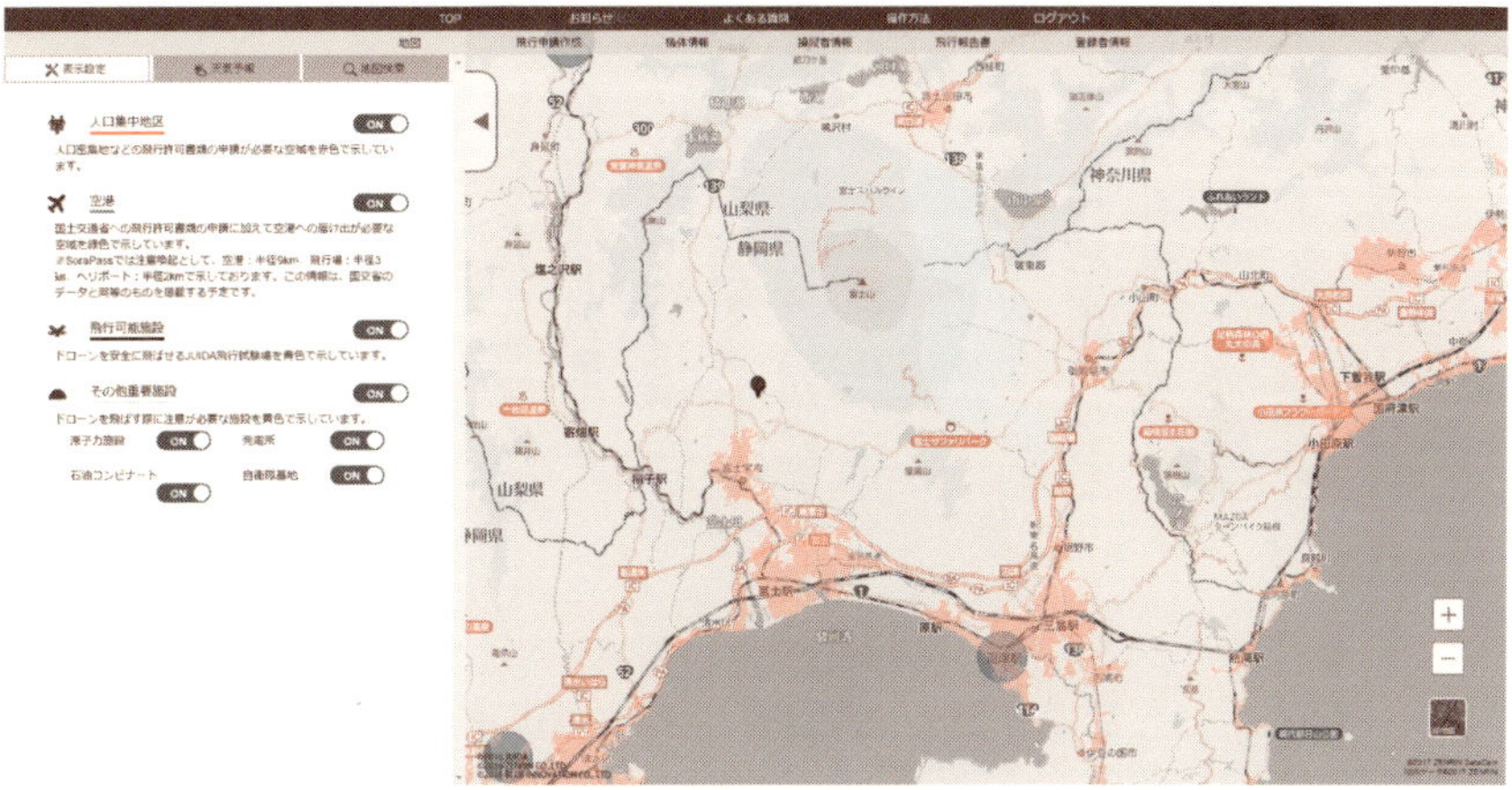

富士山周辺の飛行可能、飛行禁止区域（SORAPASSより）

50 目立つことで衝突防止

派手な色や光で目立つ存在に

航空機は進行方向と位置を表示するために航空灯が義務付けられており、右翼端に緑色，左翼端に赤色、尾部には白色の灯火が付けられています。また、航空機相互の衝突を防止するために衝突防止灯があり、飛行機の胴体の上下に付けられた赤色の閃光灯や遠距離からでも確認できるように翼両端にストロボの白色閃光灯を付けています。

このように航空機では目立った色や光（誘目性といいます）などを使ってパイロットに注意を喚起し、ニアミスや衝突防止を図る工夫がなされていますが、最近はドローンにも誘目性が要求されるようになりました。その理由は、ドローンが消防ヘリやドクターヘリ、航空機などに異常接近する事例が増加しており、航空機パイロットから異常接近の防止対策と同時にいち早く発見できることへの要望が寄せられるようになったからです。

人の目が光に感じる感度は波長555㎚が最大ですが、これは緑色光の波長です。緑色光は小さい輝きでも人の目には感じやすいということです。また、人が色を見たとき、どのように感じるかを研究する色彩心理学では赤色が最も人の感性を興奮させ、注意を最も喚起する色とされています。また黄色も人の注意を引く色とされています。交通信号はこれらを考慮して作られていますし、黒字に黄色縞の看板などは注意を喚起する場合に多く用いられているのもこのような理由です。

ドローンではLEDによる赤、青の灯火が付けられているものがありますが、ドローンは航空機と異なり機体が小さいため機体全体の色彩も誘目性を考慮した方が安全であり、地上からだけではなく、航空機パイロットにも注意を喚起できるような灯火の配置や機体の配色を工夫したドローンが望まれるようになるでしょう。

要点BOX

- ●ドローンにも誘目性が要求される
- ●地上からだけでなく、航空機パイロットにも注意を喚起できるような工夫が必要

人の目の感度は波長555nmが最大

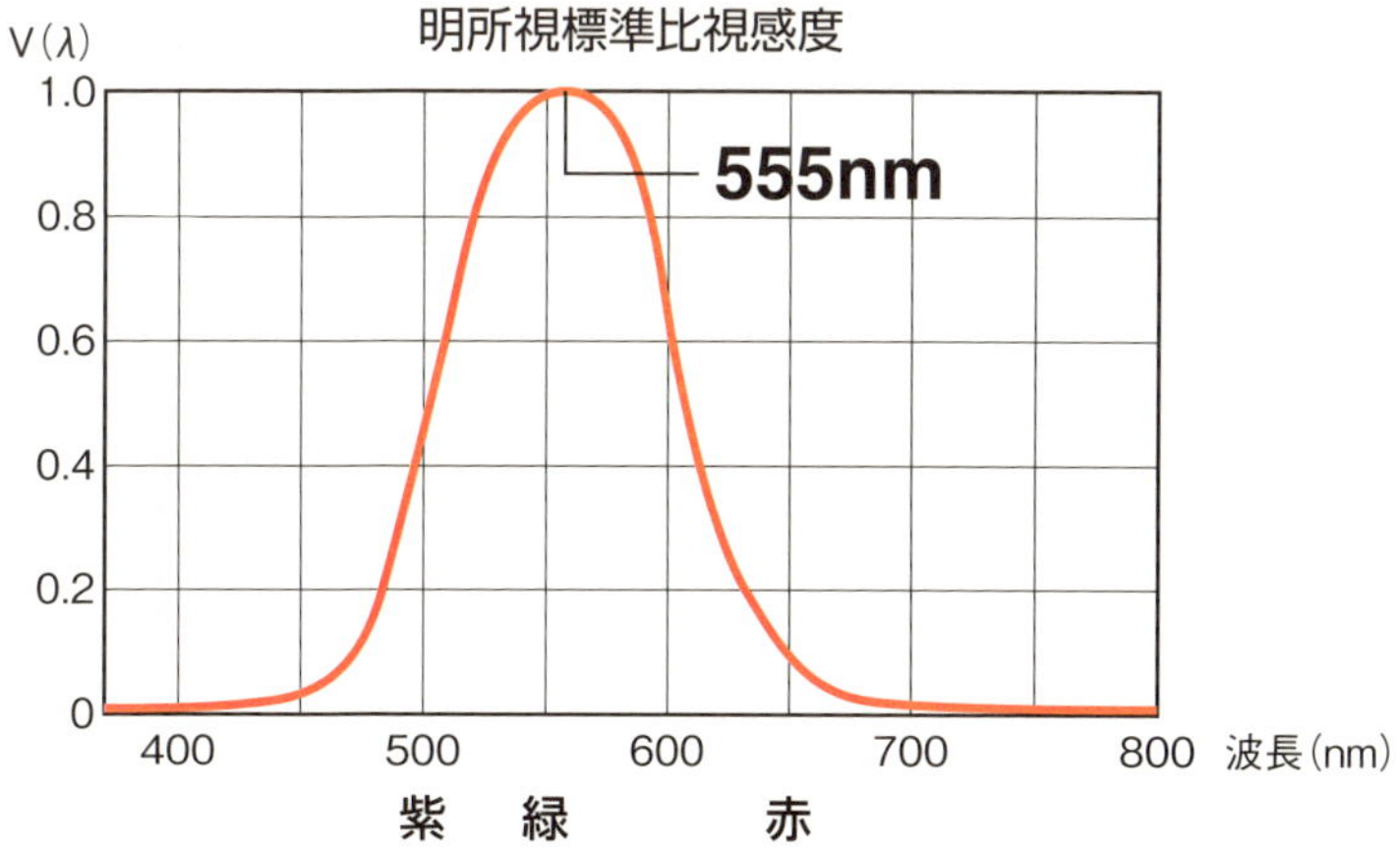

ドローンにLEDを搭載

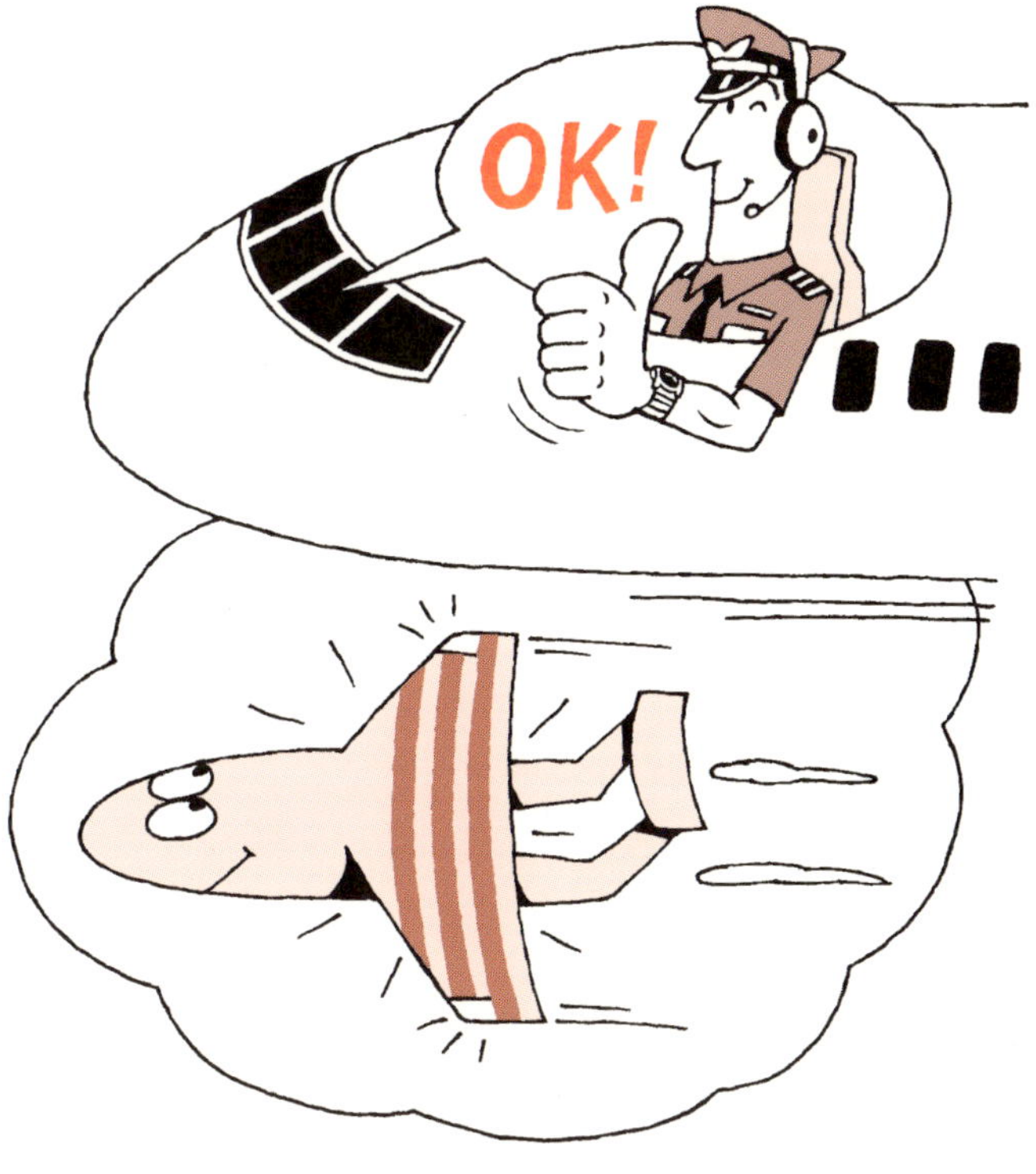

51 バッテリーの取り扱い

小型軽量、高出力のリチウムポリマーバッテリー

ドローンにはリチウムポリマーバッテリー（リポ）が使われています。従来のリチウムイオン電池はパソコン用や携帯電話用として使われ広く普及しましたが、リポはその改良型で、中に入れる電解質を従来の液体ではなく薄いシート状の高分子膜にして何枚も重ねています。そのため、液漏れの心配がなく筐体も小型軽量化できるなどの利点が生まれ、小型軽量、高出力を要求されるドローン用電池としては最適ということで普及が進んでいます。

素材として使われているリチウムは常温でも発火しやすく、腐食性が強く毒性もあり、電池から絶対に漏れないようにしなければなりません。ショートさせたりすると急激に電流が流れ加熱して電池内部でガスが発生し、破裂する恐れもあります。したがってリポの扱いには十分な注意が必要です。

まず、充電するときにはリポ専用の充電器を使う必要があります。過充電や過大電流で充電すると、内部で急激な化学変化が進み、発熱、炎上などを引き起こす恐れがあります。いくつも並列に充電する場合には特に注意が必要です。残留容量にばらつきがあるものを並列に同時に充電すると、最大残留容量の電池が過充電になる危険性が高くなります。

リポは軽量化しているため、構造的に外部からの衝撃に弱く、使用時に落下などの衝撃が加わったときには念入りに点検する必要があります。また使用しない状態での長期保存には適さないので注意しましょう。使わないで保存する場合には、一般の電池の常識ですが過放電（空）状態や過充電状態ではなく60％程度の充電状態で、外部からの衝撃を防ぐ容器などに入れ、安全な場所に保管します。

リポは低温になると性能が落ちるので、寒冷地での使用には保温などの処置が必要です。また長時間にわたり直射日光にさらすと容器が高温になり、場合によっては破裂などを起こしかねません。

要点BOX
- ●液漏れの心配がないリポだが使い方に注意
- ●リポは寒冷地で使用する場合、保温などが必要

充電時の注意事項

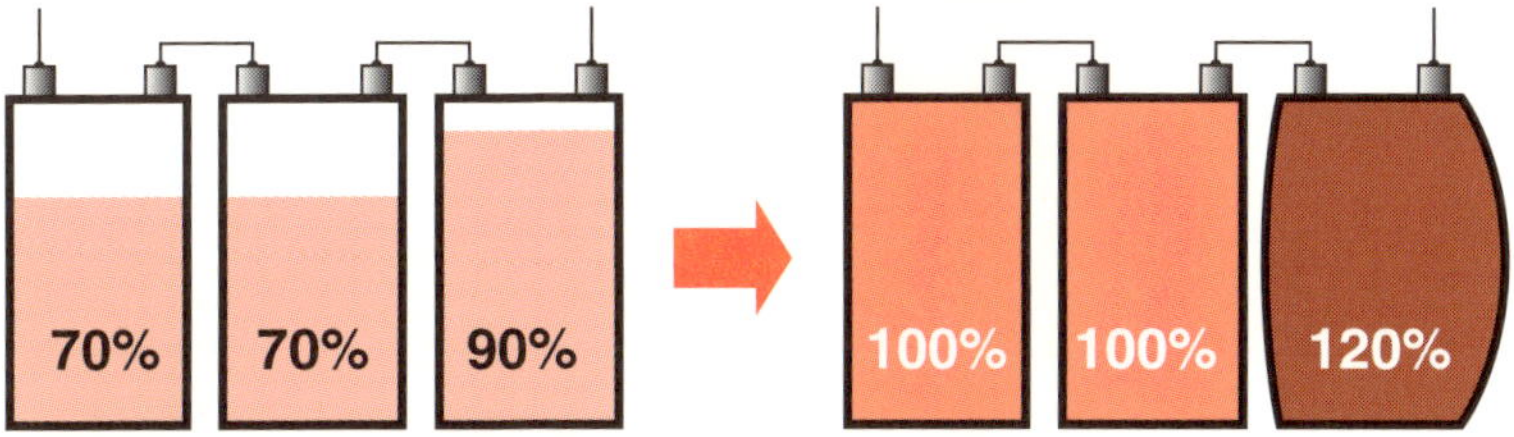

●各セルが均等であることが重要

各セルにばらつきがあるまま一括して充電してしまうと、
過充電となるセルが発生する恐れがある。バランス充電をしよう。

リチウムポリマーバッテリーとは

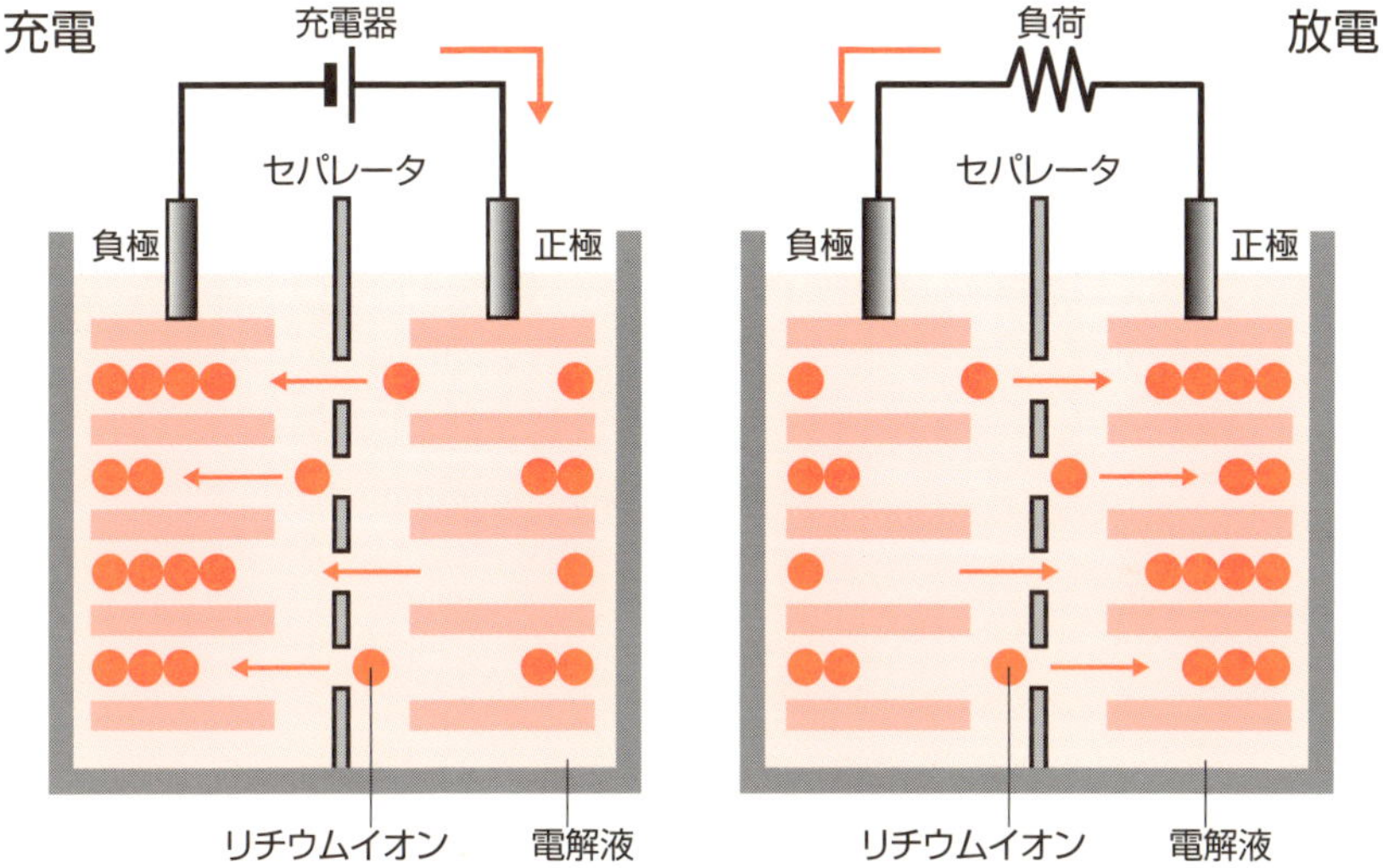

メリット

●大電力が取り出せる

デメリット

●外部からの衝撃に弱い
●長期保存に弱い

バッテリーの保管

1.容量60%を目安に保管することを推奨します。
2.保管は、発火しても安全なケースに入れて保管してください。
3.満充電の状態での保管は、自然に電圧が上昇する場合があるため、電池が膨らみ使用不可になることがあります。
4.長期間（1ヵ月以上）使用しない場合は、60%程度充電した状態で保管してください。

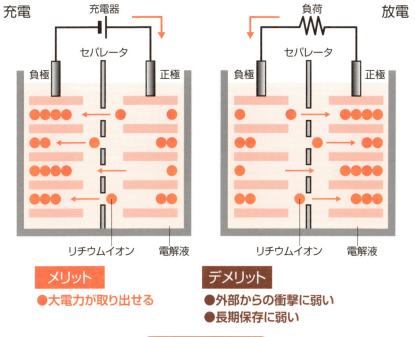

52 日本の法規制（航空法）

無人飛行機に対応した航空法が施行

我が国の航空法の一部を改正し、無人航空機の定義、飛行禁止空域、飛行方法を新たに定めた改正航空法、およびこの運用の細則などを定めた改正航空法施行規則が2015年12月10日に施行されました。要点は以下の通りです。

2-1「無人航空機」の定義

●無人航空機：航空の用に供することができる飛行機、回転翼航空機、滑空機、飛行船その他政令で定める機器（現在、政令で定める機器はない）であって構造上人が乗ることができないもののうち、遠隔操作又は自動操縦（プログラムにより自動的に操縦を行うことをいう。）により飛行させることができるもの（その重量その他の事由を勘案してその飛行により航空機の航行の安全並びに地上及び水上の人及び物件の安全が損なわれるおそれがないものとして国土交通省令で定めるものを除く。）をいう。

●無人航空機から除かれるもの
上記省令（航空法施行規則）では、重量が200グラム未満のものは無人航空機の対象からは除外されると規定された。

ここで、「重量」とは、無人航空機本体の重量及びバッテリーの重量の合計を指しバッテリー以外の取り外し可能な付属品の重量は含まない。

2-2 飛行禁止空域

左に図示（国土交通省作成）するとおり、原則としてA、B、Cは飛行禁止である。

Cで示される人口集中地区（DID：Densely Inhabited Districtと略称）とは人口密度が概ね4000人／km²以上の地区で、国勢調査により定められ、総務省および国土交通省のHPに地図と共に示されている。日本全国の3～4％がこれに該当すると言われる。なお建物等の屋内での飛行については、本禁止条項は適用されない。

要点BOX
●重量が200g未満の無人航空機は航空法の対象からは除外
●飛行禁止空域に注意

原則として飛行禁止空域

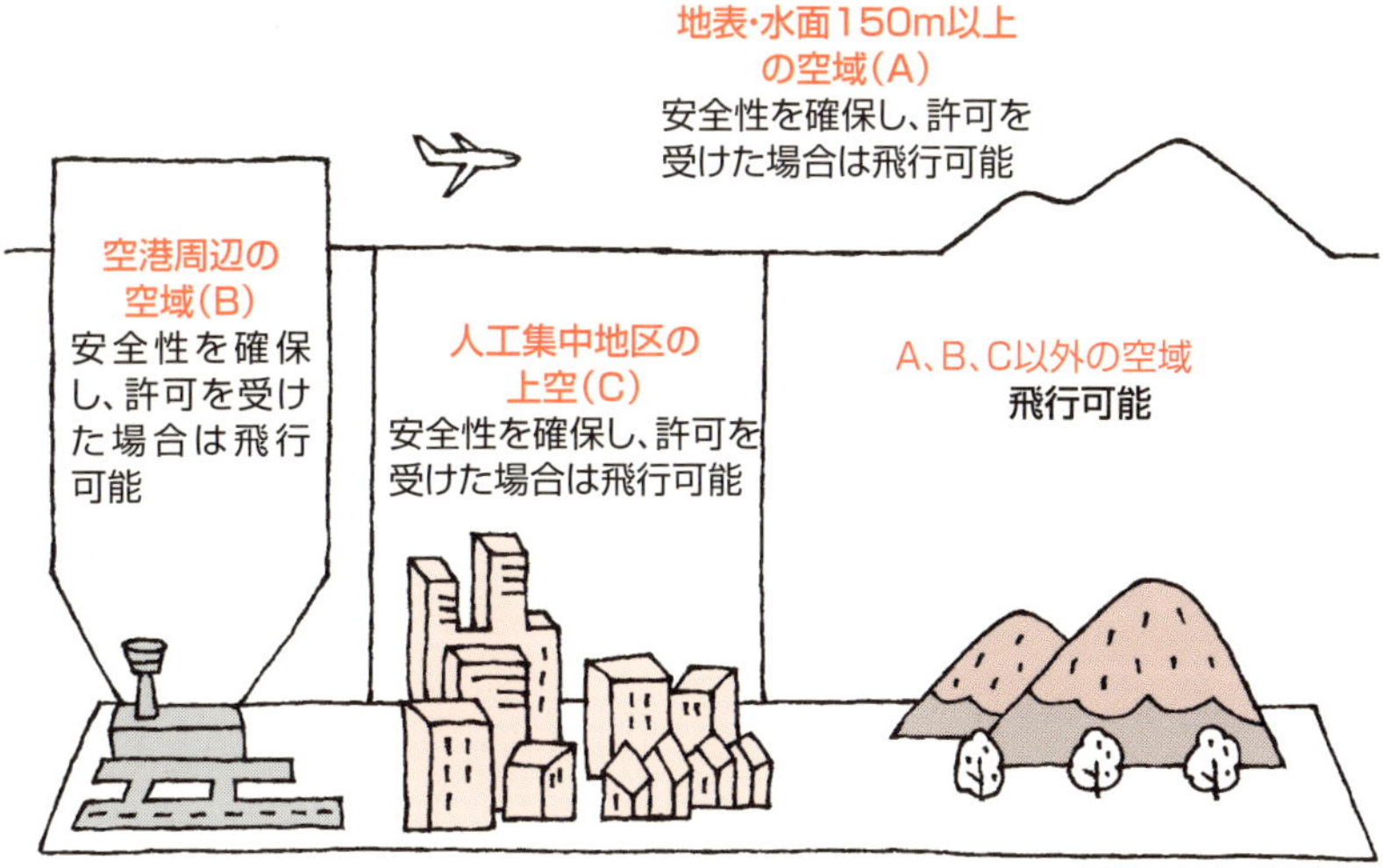

網等で四方・上部が囲まれ、物理的に無人航空機が外部に出ることがない空間等については屋内として扱うとされている。外部空間と物理的に隔離されたトンネル内も同じ扱いである。

飛行方法

改正航空法には以下の項目が規定されている。

(1)日中における飛行
(2)目視の範囲内での飛行
(3)地上又は水上の人又は物件との間に一定の距離を確保
(4)多数の者の集合する催し場所上空での飛行禁止
(5)危険物の輸送の禁止
(6)物件投下の禁止

【お役立ちHP】 無人航空機の安全な飛行を行うためのガイドライン（国土交通省）
http://www.mlit.go.jp/common/001128047

53 改正された航空法について

飛行空域と飛行方法の設定

2015年12月10日にドローンのルールを新たに盛り込んだ改正航空法が施行されました。

改正前の航空法には無人航空機という定義がなかったため、趣味で飛ばすラジコン機や農薬散布ヘリなどはそれぞれ自主的にルールを作り安全な飛行を行ってきましたが、改正航空法施行以後は、これらを含めすべてのドローンは新ルールに従って飛行しなければなりません。改正された航空法では無人航空機とは人が乗ることができない構造の固定翼機、回転翼機（ヘリコプターやマルチコプター）、滑空機、飛行船などで、エンジンやバッテリーなどを含む重量が200g以上のものと定義されています。200g未満は模型飛行機と言い航空法の適用は受けません。

改正航空法には原則として国土交通省の許可・承認が不要な飛行空域と飛行方法が示されており、それ以外の場合は許可申請を国土交通省に申請し、承認が得られれば飛行可能とされています。

原則飛行禁止の空域は、①地表または水面から上空150m以上の空域、②空港周辺、③人口集中地域（毎年実施される国勢調査で、おおむね人口が1㎢当たり4000人以上の地域、略称してDID（Densely Inhabited District）の3種類です。

また許可なく飛行できる飛行方法は、①目視できる範囲内での飛行（望遠鏡や搭載したカメラ映像所謂FPVの使用は除く）、②日の出から日没まで、③第三者の人や建物、車などの物からの距離が30m離れた範囲での飛行、とされています。また原則飛行禁止の飛行方法は、①イベントや運動会、祭礼などの催し場での飛行、②毒物や爆発物など危険物の飛行、③水や農薬、品物など物の投下、です。

ドローンの飛行に関して守らなければならないその他のルールには、国会など重要施設付近での小型無人航空機などの飛行を禁止する法律、個人情報保護法、都道府県の条例などが多くあります。

要点BOX

- ●すべてのドローンが対象となる改正航空法
- ●個人情報保護法、都道府県の条例などにもドローンの飛行についてルールがある

航空法以外にもドローンの飛行に関係する主な法律

①飛行禁止法
②電波法
③個人情報保護法
④道路交通法
⑤民法
⑥刑法
⑦産廃法
⑧条例

飛行方法のルール

原則として禁止の飛行方法

●夜間飛行

●目視外飛行

●30m未満の飛行

●イベント上空飛行

●危険物輸送

●物件投下

54 飛行許可の申請方法

国土交通省に許可申請を行う

改正航空法では、人口集中地域や空港周辺など原則禁止された空域での飛行や、夜間や目視外、催し場所など原則禁止された飛行方法による飛行を希望する場合には、国土交通省に許可申請を行い許可・承認を得られれば飛行可能となります。この条件については平成27年11月に国土交通省から「無人航空機の飛行に関する許可・承認の審査要領」としてネット上に公表されています。

平成27年12月の改正航空法施行以降6カ月間で6000を超える申請があり、4600を超える許可が出されるなど非常に活発です。許可されたすべての申請内容の概要は国土交通省のホームページ上に公表されています。

飛行許可・承認申請の要領は上記審査要綱に詳しく書かれていますが、申請は原則として飛行開始日から10開庁日前までに文書を出すこととされています。しかし人命救助や非常災害時など緊急時には直前にメールやFAX、電話などでも可能とされています。申請の方法としては、同一の飛行で異なる内容の許可を申請できる、一括申請、同一の申請者が反復して飛行したり異なる場所で同一内容の飛行を行う場合には包括申請ができます。繰り返し同じような申請をする必要がありません。1回の許可は3カ月間有効ですが、繰り返し飛行させる場合には1年を限度に認められます。

複数の申請者がある場合、その代表者が取りまとめ代行申請することもできます。また行政書士に依頼して申請書を作成し提出してもらうこともできます。

申請書に関しては国土交通省のホームページで「無人航空機（ドローン、ラジコン等）の飛行に関するQ&A」に詳しく解説されていますが、具体的な書き方事例も公表されていますので非常に参考になります。

要点BOX
- ●申請は原則として飛行開始日から10開庁日前までに文書を提出
- ●1回の許可は3カ月間有効

改正航空法の運用状況について

空港等周辺
※平成28年5月9日時点 109件

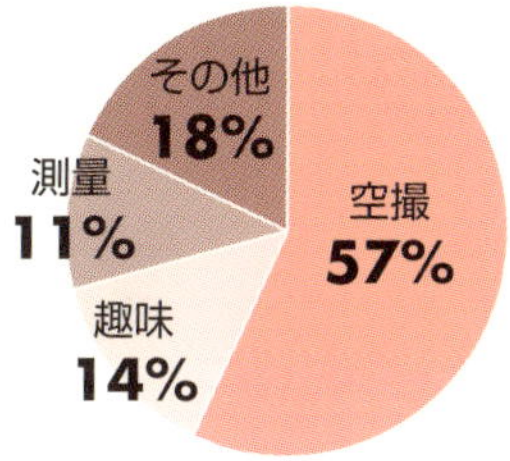

150m 以上
※平成28年5月9日時点 721件

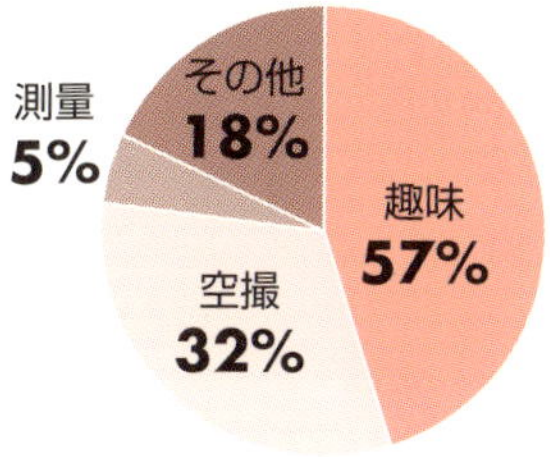

DID
※平成28年5月9日時点 3630件

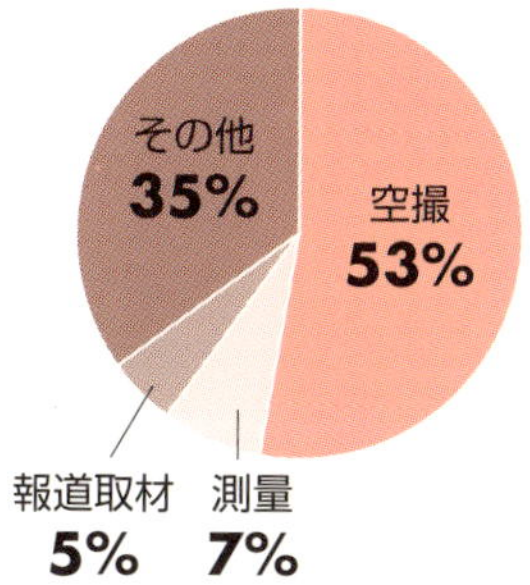

夜間
※平成28年5月9日時点 1192件

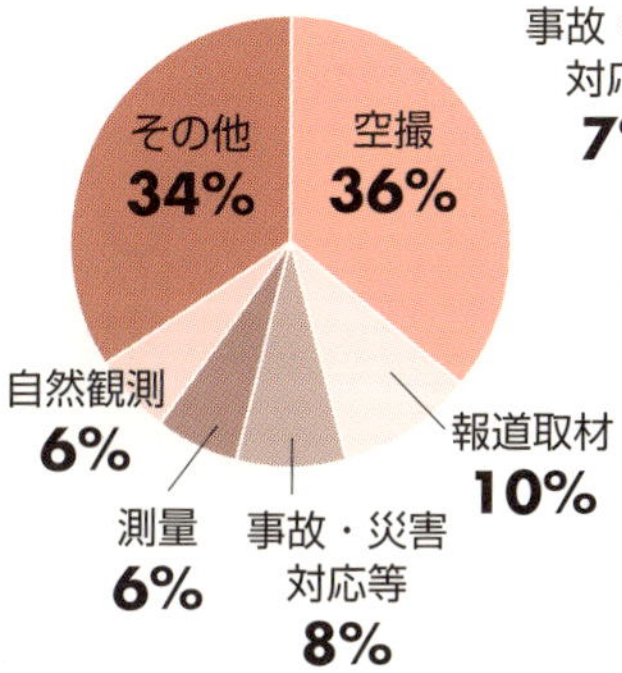

目視外
※平成28年5月9日時点 1264件

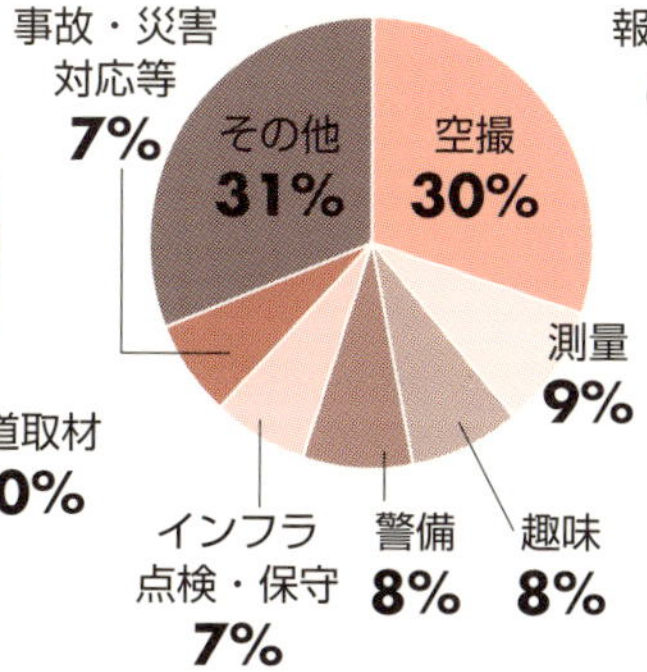

30m 以内
※平成28年5月9日時点 3038件

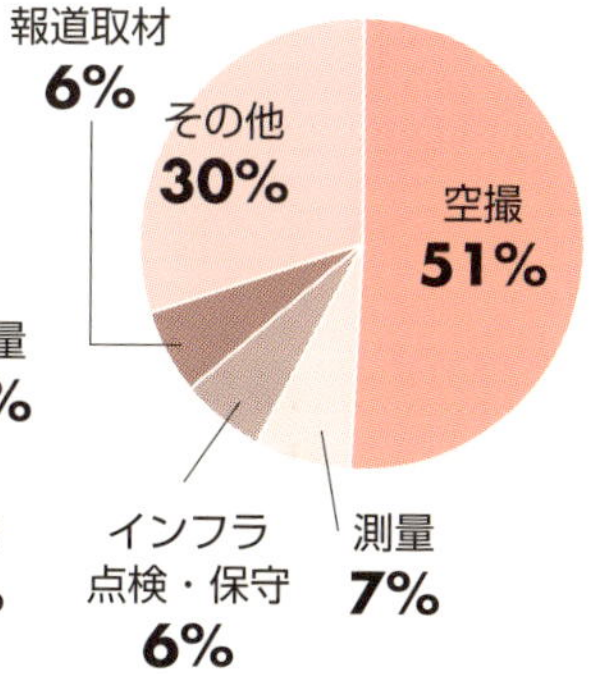

催し
※平成28年5月9日時点 363件

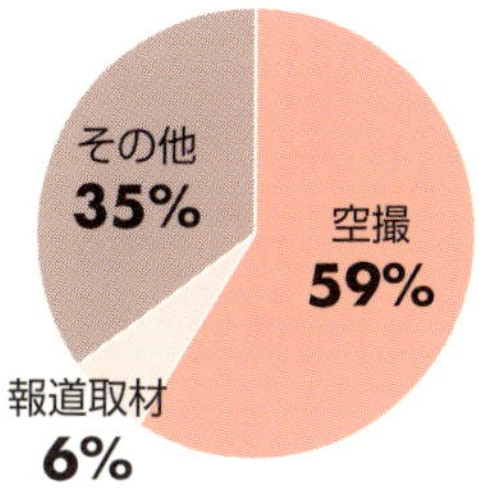

危険物輸送
※平成28年5月9日時点 125件

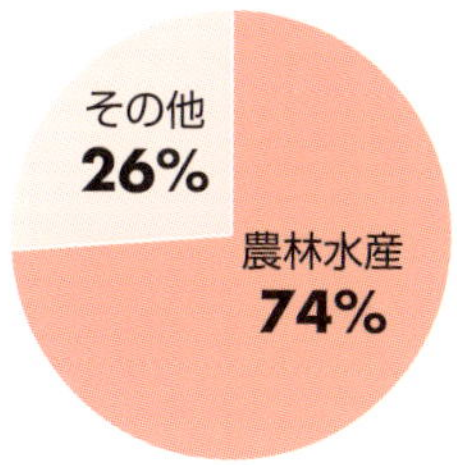

物件落下
※平成28年5月9日時点 218件

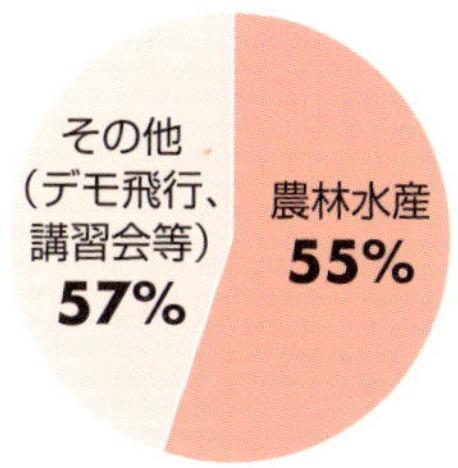

出典:国土交通省のホームページ

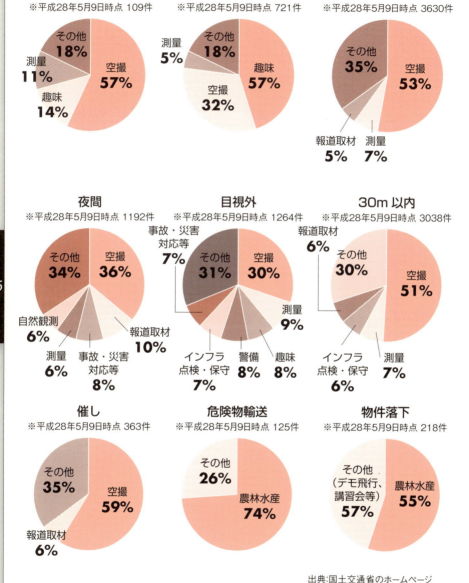

55 航空法以外の規制

さまざまな法律にもドローンの規制がある

2016年4月7日から施行された小型無人機等飛行禁止法（正式名称は国会議事堂、内閣総理大臣官邸その他の国の重要な施設等、外国公館等及び原子力事業所の周辺地域の上空における小型無人機等の飛行の禁止に関する法律）があります。国会議事堂、内閣総理大臣官邸、皇居、指定された政党事務所、指定された外国公館及び指定された原子力事業所などの敷地又及びその周囲おおむね300mの地域では原則飛行禁止です。

従来からある主な法律も規制をしており、その要点を列挙します

①電波法：ドローン及び地上から操縦する電波の周波数と強度は国の許可を得る必要があり、技術基準適合製品を使わなければなりません。

②個人情報保護法：ドローンで撮影した画像や所有物などを非撮影者などに許可なくインターネットなどで不特定多数の人に公開すると、個人情報保護法違反になる場合があります。

③道路交通法：道路上の人、車両などの通行や安全に影響する行為に関しては所轄警察から許可を得る必要があります。ドローンの道路上空飛行はこれに該当する可能性があります。

④民法：第207条に「土地の所有権は、法令の制限内において、その土地の上下に及ぶ」と規定されており、無断で他人の土地の上空飛行は出来ません。

⑤刑法：不注意により鉄道、船舶などの安全な往来や破損事故などを起こした場合「過失往来危険罪」に問われることがあります

⑥廃棄物の処理及び清掃に関する法律（産廃法）：電子回路などを含むドローンの廃棄は勝手に処理してはなりません。

⑦地方条例：都道府県などが定める各種条例では公園などでの飛行禁止を求めています。

要点BOX

- 小型無人機飛行禁止法は、対象施設などの飛行を禁止
- 電波法や刑法から条例まで関与

ドローン使用の対象施設等の指定

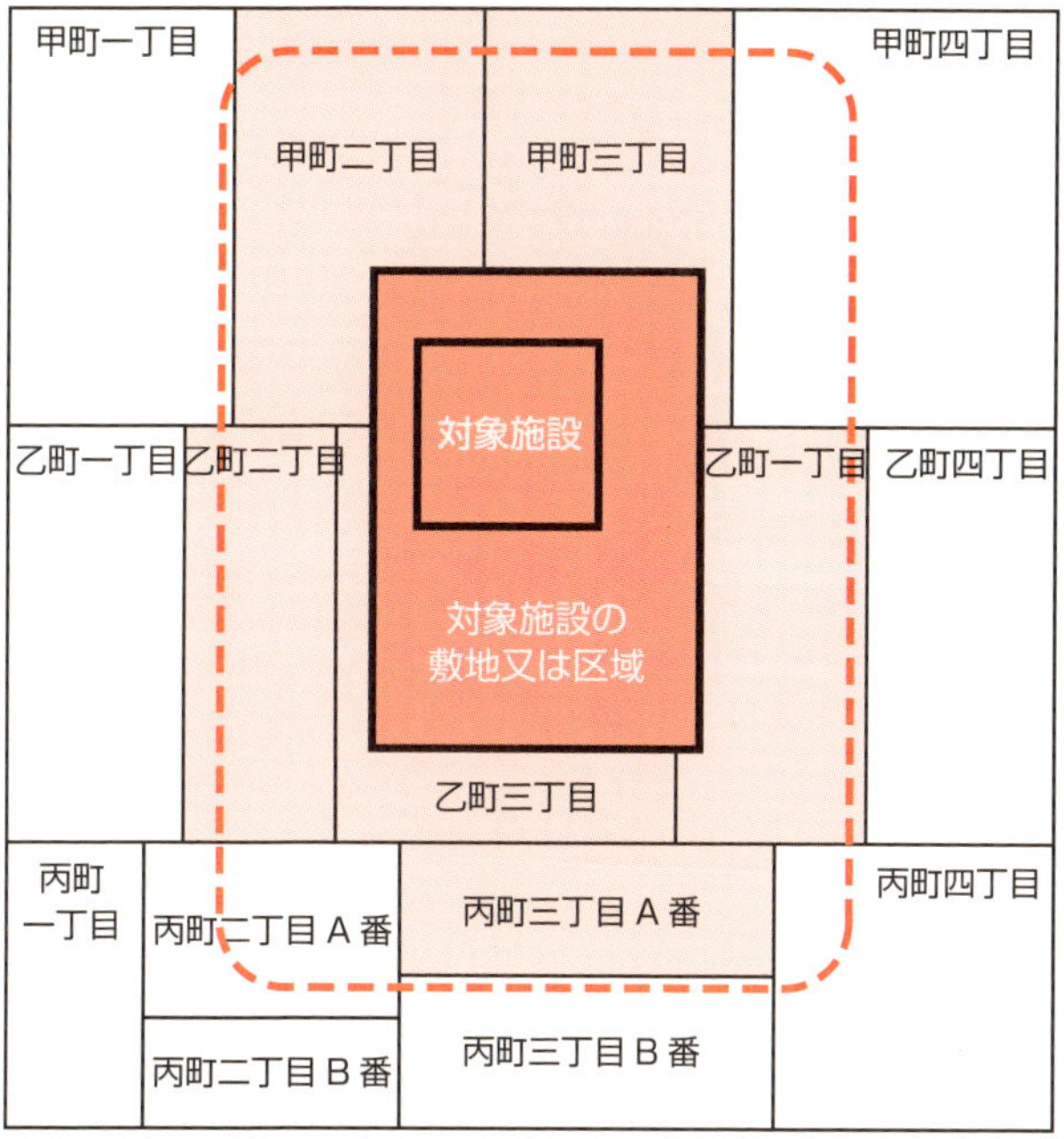

●対象施設

①国の重要な施設等
　ア.国会議事堂等、イ.内閣総理大臣官邸等、
　ウ.対象危機管理行政機関（機関・庁舎を政令で規定）、
　エ.最高裁判所、オ.皇居・東宮御所、カ.対象政党事務所
②対象外国公館など
③対象原子力事業所（類型を政令で規定）

●対象施設周辺地域

対象施設の敷地又は区域の周囲300mを基準として、例えば番地単位で指定することを想定。

各指定権者は、対象施設等を指定するときは、あらかじめ、警察庁長官等と協議しなければならない。

ドローンに関連する法律など

●総務省個人情報保護ガイドライン

http://www.soumu.go.jp/main_content/000376723.pdf

●東京都立公園条例

都内81か所の都立公園、庭園での飛行禁止

●電波法に適合したマーク

（社）日本ラジコン電波安全協会の
技術基準適合証明マーク

56 操縦ライセンス

各国で進むドローンの操縦のライセンス化

我が国の小型無人航空機（200g以上、25kg未満）および200g未満の模型飛行機の操縦に関しては、国は特にライセンスを定めておりません。しかし人口集中地域（DID）内での飛行や目視外飛行など、許可を要する飛行を行うときの許可条件の一つに最低限10時間の操縦経験があることが求められています。自動車運転免許のような免許による資格ではなく、知識や経験のレベルを求めているのです。10時間と言う経験は許可申請に当たり、本人が申告することとなっており、許可申請書に記入します。

諸外国では、欧州で法規制がある15カ国について調べますと（小型無人航空機の定義は国によって若干違いますがおおむね我が国の定義と大きく異なるものはありません）半数の国が操縦ライセンスを定めています。

欧州は2016年内に域内共通の統一ルールを実施するとしていますが、すでに発表された案では利用のリスクに応じ、ライセンスを定める考え方が示されています。

北米においてカナダはすでに法規制がありますが、日本の小型無人航空機に相当する機体の操縦にはライセンス（18歳以上）が必要とされています。

米国は法規がまだ定まっておらず、昨年2月に発表された案によれば、ライセンスが必要（資格は17歳以上で2年ごとに座学試験）との提案がなされています。3年前に法成立を2015年9月と定めましたが、2016年5月現在において、法規制は固まっておりません。

我が国では民間での操縦訓練校が全国で普及を始めており、初心者レベルから高度なレベルまでを対象に、独自のカリキュラムによる法規、技術、気象、操縦実技などの教育訓練が実施されています。

要点BOX

- ●日本では許可を要する飛行には、最低限10時間の経験が必要
- ●操縦のほかにもライセンスが存在

JUIDA IDカード(資格者証)

安全運航管理者証明証明の例

無人航空機操縦技能証明の例

講師(インストラクター)の例

57 保険への加入

ドローンを安心して運用するため

ドローンは飛行を楽しむレジャーでの利用はもちろん、空撮や物流など多くの産業分野での活用が始まっています。「空の産業革命」と呼ばれ、今後の大きな期待を寄せられている反面、思わぬ操縦ミスや、突発的な気流の変化、想定外の状況変化などによる事故の心配は拭えません。これまでにも大型ドローンでの死傷事故、小型ドローンでの人身事故や器物破損事故などが報告されており、今後ますますドローン運用の安全確保と第三者への責任が重要課題となっています。

世界的にもドローンの事故に対する、第三者への対人・対物賠償、自損に対する補償などの目的で「ドローン保険」が生まれ、利用者が増えています。第三者に対する損害賠償保険の加入を義務付けている国も多くなっています。日本では法的に義務付けてはいませんが、航空法改正と同時に国土交通省から出された、無人航空機の安全な飛行に関する一般的なガイドライン「無人航空機（ドローン、ラジコン機等）の安全な飛行のためのガイドライン」（http://www.mlit.go.jp/common/001128047.pdf）には不測の事態に備え、保険に加入しておくことを推奨しています。

保険会社各社からはさまざまな条件のドローン保険が売り出されています。また、ドローンメーカーや販売会社などは、保険会社と連携し、保険とセットでドローンを販売することも始めています。法人契約に限りますが団体保険も開始しているところがあります。

ドローン保険は大元は保険引受会社が直接あるいはドローンメーカーや販売会社、ドローン団体などと提携するなどして独自プランを提供しています。

25kg以下のドローンには保険の強制加入は義務付けられてはいませんが、リスクの高い運用の場合には、保険加入を行うことが勧められています。

要点BOX
- 不測の事態に備えて、保険に加入
- 保険内容は、対人、対物や機体の損壊、機体の捜索・回収にまで及ぶ

保険引受会社

東京海上日動火災株式会社
損害保険ジャパン日本興亜株式会社
三井住友海上火災保険株式会社

補償内容

- 対人賠償　ドローンの着陸時に目測を誤り、機体が歩行者に接触し、ケガを負わせてしまった。
- 対物賠償　ドローンの操縦ミスにより、機体が他人の屋根に衝突し、屋根を損壊してしまった。
- 機体の損壊　ドローンの操縦ミスにより、着陸に失敗し、機体が大破した。
- 機体の捜索・回収　空撮中に機体の行方がわからなくなり、機体の捜索のための交通費と宿泊費が必要となった。
- 個人加入、法人加入、団体割引など

保険への加入

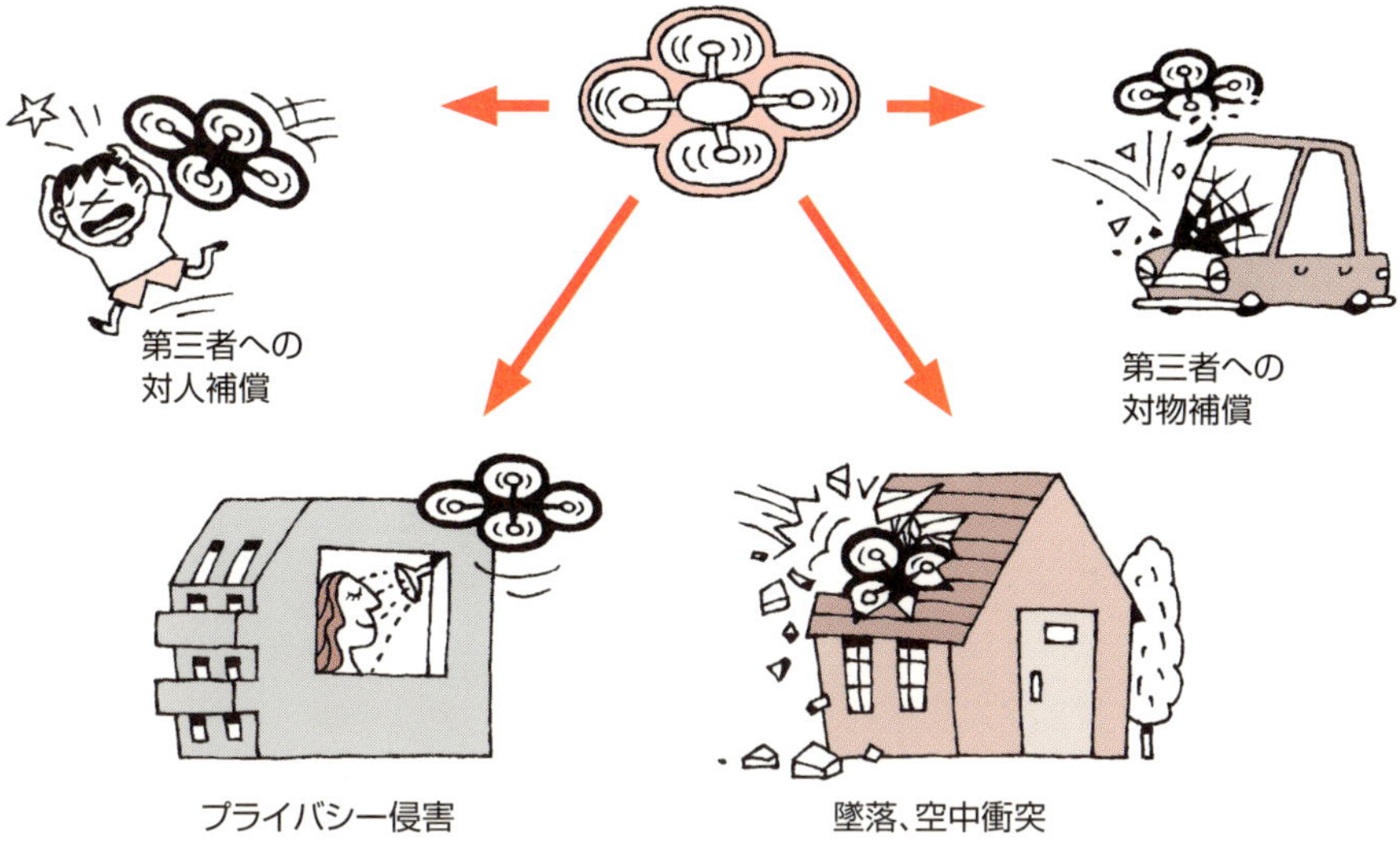

58 安全技術（ジオフェンス、自動帰還）

ドローンの安全な航行をサポート

ドローンを安全に飛行させるための代表的な技術にジオフェンスと自動帰還技術があります。

●ジオフェンス（Geofence）

iPhoneのアプリとして開発された技術で、GPSを利用し、地図上の特定位置を中心に仮想的な円周で境界線（フェンス）を作りさまざまなサービスなどを提供することで、フェンス内に入れば、その中の店舗からの情報などが自動配信されるなどに利用されています。この機能を用いて、飛行禁止エリアをジオフェンスに設定すれば、飛行禁止エリアへの侵入を自動で防止できます。うっかりミスで空港周辺や飛行禁止区域への飛行を防止することができます。量産ドローンなどにこの機能が付加されているものもあります。ホワイトハウスや首相官邸への落下事件後にはこの機能を活用し、これら場所に飛行禁止のジオフェンスを設定したドローンもあります。

ジオフェンス以外にもドローンの飛行を制御する一種の自動航空管制システム（UTM）などが世界中で研究されており、今後の安全技術は大きく進展するでしょう。

●自動帰還

ドローンはGPS衛星や地上の遠隔操縦装置からの信号を頼りに飛行ルートを設定し飛行しています。ドローンに何らかの理由で遠隔操縦の信号が途絶えたり、内部の部品に故障が発生したり、バッテリーの残量が不足すれば、安全な飛行はできなくなります。このときでもGPS信号が生きていれば、自分の位置はわかりますので、記憶しておいた出発点に自動帰還することが可能です。

もちろん安全対策としてではなく、正常飛行の場合に、自動的に出発点に帰還する機能や、飛行途中でもワンタッチで自動帰還する機能は多くの量産ドローンには具備されていますが、この機能を安全対策にも使うというアイデアです。

要点BOX
- ●ジオフェンスを飛行禁止に設定可能
- ●自動的に記憶しておいた地点に帰還する機能

ジオフェンスの例

【駅から500m以内の上空には入れないようにする】

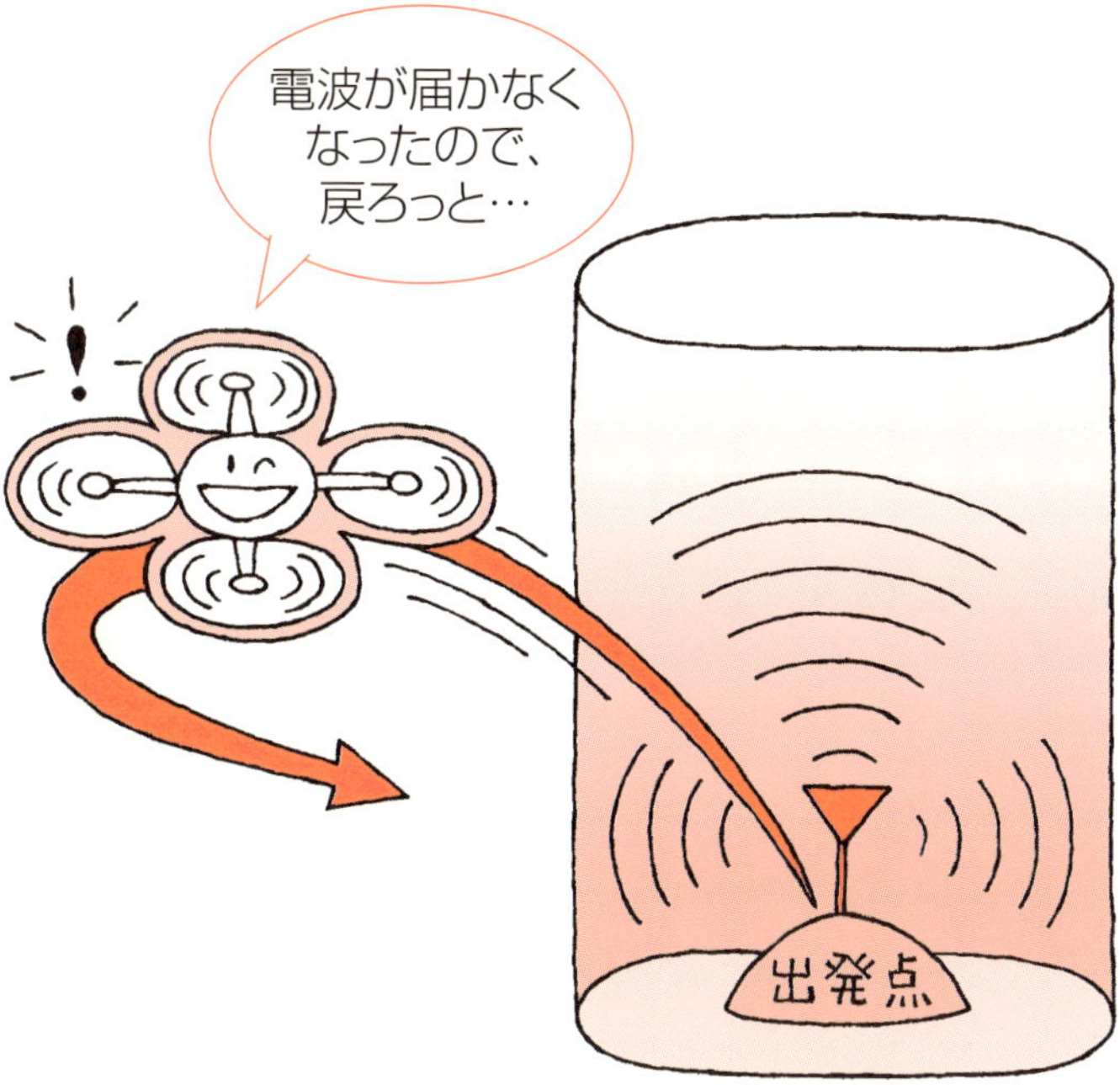

Column

世界の法規制

ドローンの法規制は世界的に急ピッチで進められており、2015~2016年には主要国の法規制が実行に移されることとなり、文字通り世界のドローン元年となる様子が見えてきました。

民生用ドローン推進の国際組織として最大で最も歴史の古いUVS Internationalによれば2016年4月現在で調査した世界99カ国のうち25カ国でドローン法規制があるとのことです。

世界で最初に法規制を定めた国はオーストラリアで2002年でした。地上交通のインフラが未整備なため、貨物運送をドローンに期待したことが大きな目的の一つといわれています。2012年にはイギリスをはじめとして欧州各国で、最近はカナダでも制定されました。

米国ではドローンの商業用利用は禁止されており、違法利用で訴訟事件まで発生しましたが、2012年に議会がドローンの商業用利用を含むドローン規制法の制定を2015年9月とする特別法を作り、担当するFAA（連邦航空局）は2015年2月に法案を作りましたが、まだ結論に達しておりません。2016年内には確定するといわれています。また欧州は2016年には統一した規制の実施を行うといっています。

国際的には民間航空機のIC（安全規則）を作るICAO（民間航空機関）が2021年からドローンの国際安全規制を導入するとしています。

法規制に対する世界の一致した考え方は「進歩の急速な発展を阻害しないよう規制は最小限に」「ホビー用、商業用といった用途別ではなく、リスクの小さい利用は規制が緩く、リスクの大きい利用は規制を強くと言うリスクベースの規制」と言うことです。カナダのように用途別規制の現法律をリスクベースに変更する国も現れました。

第6章 ドローンの利用方法

59 空撮での利用

手軽なドローンで空撮が広がる

マルチコプタータイプのドローンはホバリングや微妙な飛行ができるため、カメラを搭載して空中写真や動画撮影を楽しめる機体が大量生産され、手軽な値段で入手できるようになりました。ハイビジョンや4Kなどの高品質画像や360度の映像撮影が可能なもの、あるいは、手の平に載るような超小型のカメラ付きドローンまで商品として販売されています。

これまで空中写真は飛行機やヘリコプターを使わなければならなかったため非常に高価でしたが、個人が手軽にできるようになり、まさに「空の産業革命」の端緒となる利用分野です。

撮影方法も多種多様の方法が可能になっており、スマホや特別の装置を身に着けると自動的に追尾し近接して自分を撮影してくれるドローンもあり、例えばスキーで滑走する自分の姿を撮影して楽しむなどに使われています。またこの機能を使ってランナーを自動追尾しながら撮影や身体のセンサからの情報を収集しスポーツ選手のトレーニングに使う例も報告されています。桜の名所では空撮映像が盛んに発表され今までと違った映像を楽しむことができます。

このような利用はホビーから写真の専門家に至るまで、最も早く普及しました。マルチコプタータイプのドローンが従来のラジコン機と異なり単なる飛行を楽しむばかりでなく、それ以上の楽しみ方を広げた最初の分野が空撮です。

最近では映画撮影や空撮専門家用の機種が開発され販売されています。このような機種では操縦者は飛行操作し撮影者は撮影機を操作できるように設計されています。TVカメラをドローンに搭載し、従来はクレーン車などで行っていた空中からのTV撮影をドローンで行えるようにしたものもあります。産業用では人工衛星や有人機でしか撮影できなかった植生や地形、農作物の生育状況などをドローンで安価に撮影することが広がっています。

要点BOX

- 個人が手軽に空撮を楽しめる
- 植生や地形など大がかりなものでしかできなかった空撮も可能になった

紐付きドローンによる空撮

紐を通して電力と制御を行うため安全性が高く長時間使えます。

自動追尾による空撮

60 測量での利用

土木分野で活躍するドローン

ドローンにカメラを搭載し、その映像をコンピュータによって自動解析することによってさまざまな測量の仕事を迅速かつ手軽に行うようになりました。

海岸線や河川の状態は時間とともに変化しますが、これをドローンで観察し、その変化量を測量したり、港湾設備や大規模な土木工事現場の設計を行うための地形の測量や鉱山や土木工事などの掘削現場で掘削面積や、掘削で排出した土砂の分量を測量して工事進行を管理することなどにも使われています。ドローンの産業用利用の端緒を見ることができるのがこの分野です。

測量には予めマークを付けた地点間の距離や高低差を測る道具、これを地図上に記録する作業や道具の運搬操作などの人手が必要なため、多くの時間やコストが必要ですが、ドローンを使えば一気にこれらの作業ができ、非常に大きな効果が得られることから利用が進んでいます。

地下資源の探索は従来は人工衛星や有人航空機等が使われましたが、立体カメラを搭載し、精密な三次元地形像を作りながら、地下資源探索を行う専用のドローンなども測量分野での応用といえるのではないでしょうか。

測量は専門知識を持った専門家による仕事で測量に使う器具、測量を実施する測量士も国の認定が必要な分野です。そのためドローンで測量した図面が正式な測量図として通用するかどうかは今後の課題でしょう。デンマークのドローン試験場は世界で初めて測量用ドローンの試験を専門的に実施する場所として昨年スタートしました。産業用ドローンの専門化が今後ますます進むことと考えられていますが、これはその例と言えます。

要点BOX
- ●地形の分析のためのデータを収集
- ●三次元地形像を作りながら地下資源探索

測量をドローンで行う

三次元地形像

ドローンで作った3次元地図の例

61 農業での利用

農業のIT化に欠かせないドローン

農業での利用では20年以上の歴史を持つ日本の農薬散布用無人ヘリが世界的に有名です。日本の水田の40％以上が2000機を超える無人ヘリによって迅速に大量の農薬を一斉に水田に散布できる効果が評価され、韓国などでも使われています。

最近は、きめ細かい対応を行い、生産性の向上、環境保護、食の安全を保障する、いわゆる精密農業の有力な道具として世界的にドローンが大きく期待されています。

欧米では産業用ドローンの大きな市場は精密農業用市場とするレポートが出され、専門企業が活躍しています。我が国でも国が力を入れている精密農業の分野で、ドローン利用が始まろうとしています。精密農業用ドローンは、センサやカメラなどを搭載し、インターネットを通じて農業支援データベース（生育状況、農薬や肥料、管理、等を農産物ごとにまとめ、適正な指示を出す農業支援クラウドサービス）に接続され、生育状況、病虫害状況などの判定、ピンポイントでの農薬散布、作業データの収集管理などを行い、生産性の向上、品質管理の向上、環境対応などを実現するもので、農業をIT化するための道具として期待されています。耕運機などの農機具とドローンを連動させ連係プレーにより省力化を図るシステムの開発も進められています。

農業用ドローンに特化したセンサの開発なども進められており、農業ITシステムの性能向上が進んでいます。従来の農業でのIT利用はインターネットを通じた情報の取得などに限られていましたが、これからはIT技術を利用した製造業的なシステムへと変わろうとしており、ドローンもその中で重要な位置を占めることになると期待されているのです。

我が国では現在マルチコプター型のドローンの最大の利用は農薬散布分野ですが、手軽に使える新しい農機具として成長しつつあります。

要点BOX

- ●農作物の生産性、品質などの向上に貢献
- ●農業用ドローンに特化したセンサの開発

精密農業のモデル

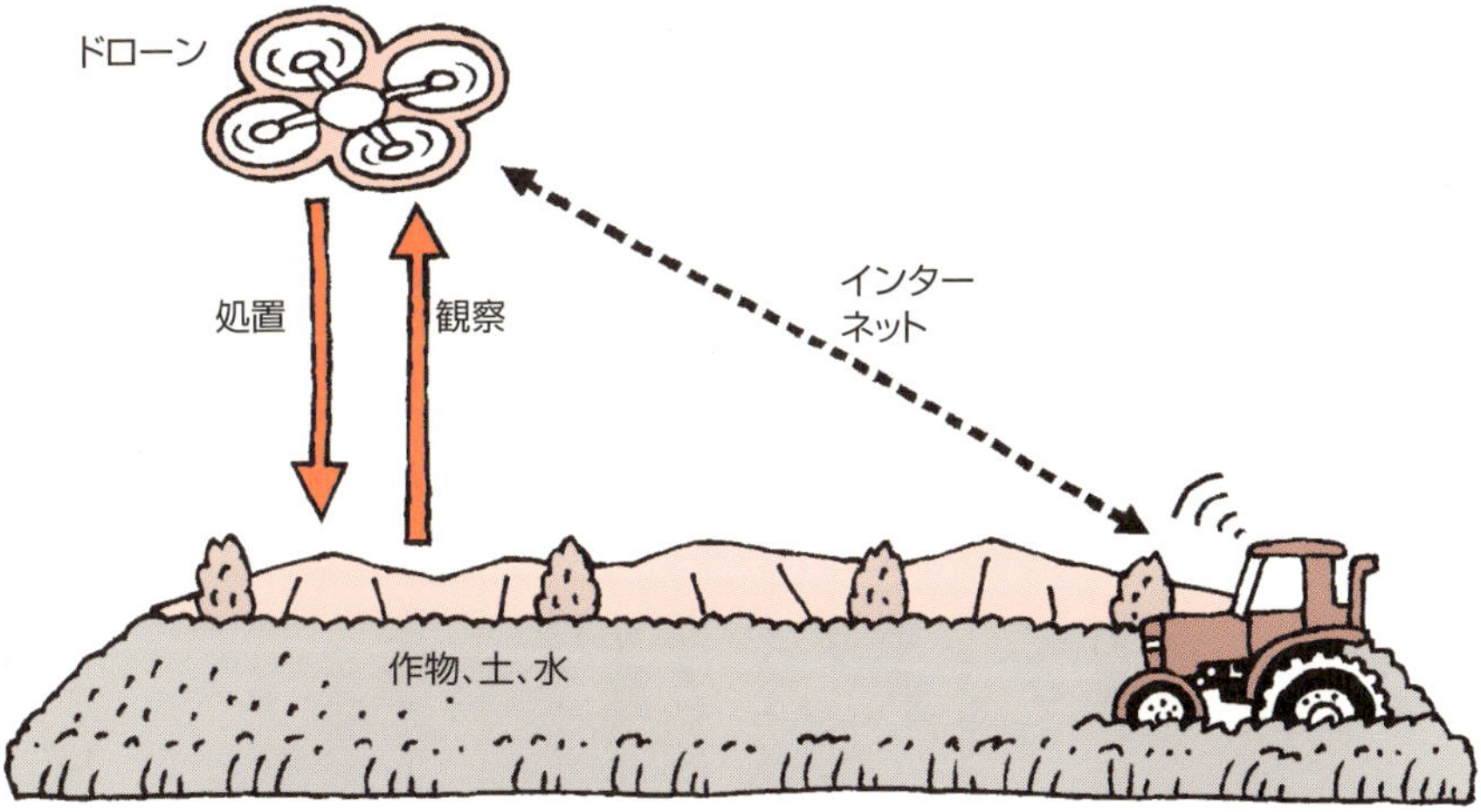

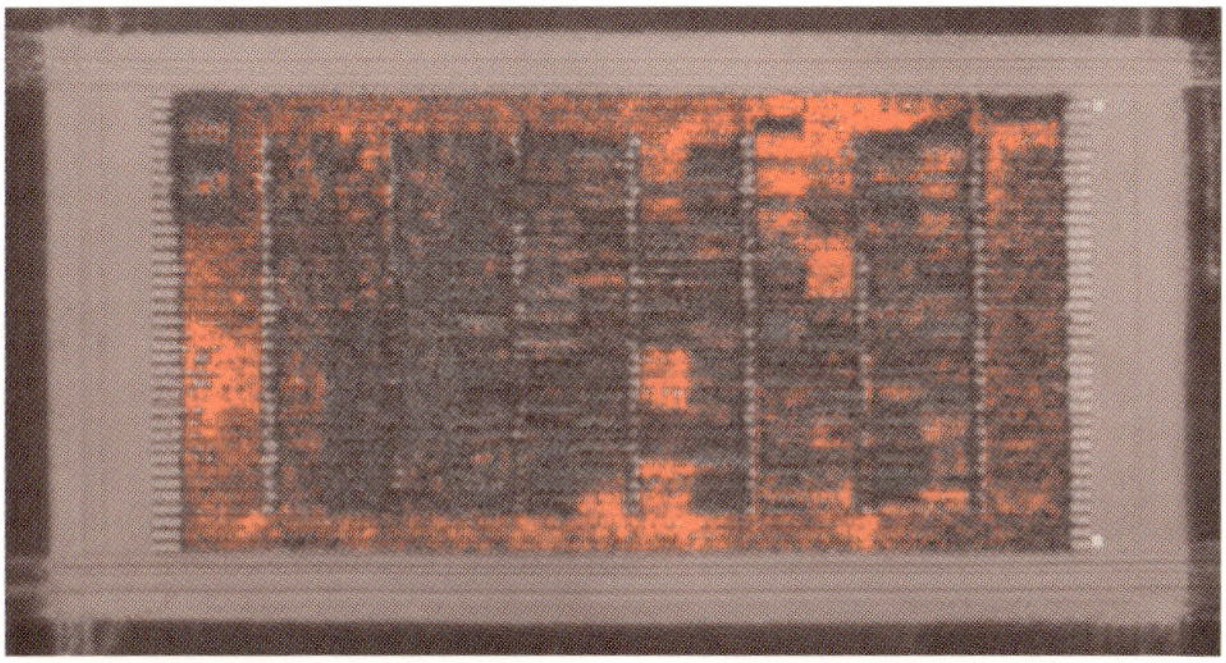

作物病害の検出（色が変わったところは生育不良の可能性がある）

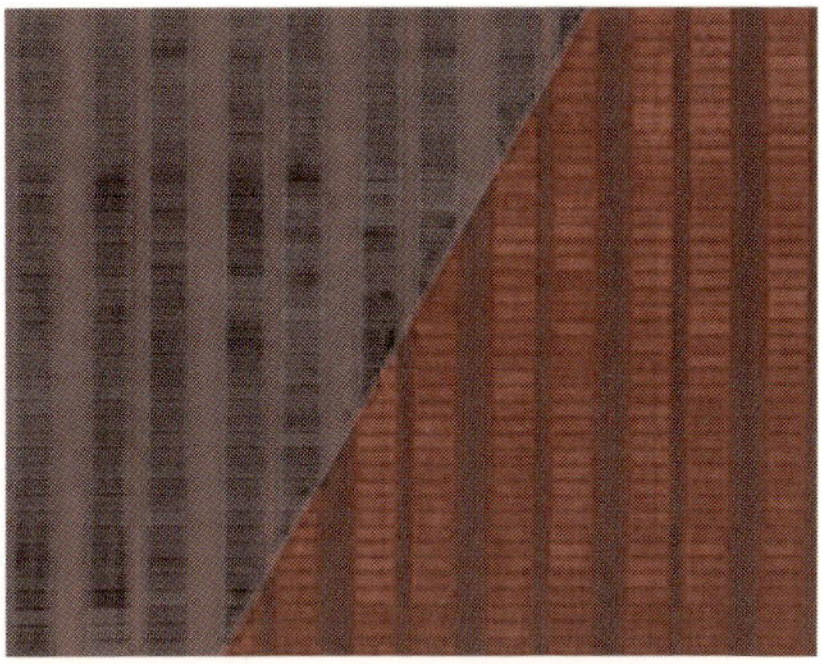

含有タンパク質の測定（植物の生育状態が良いとタンパクが多く、色が変わる）

植物のストレス観察（温度変化により一時的に変化した様子）

62 物流での利用

小包などの配達で実用化が進む

2002年に世界で最も早くドローン法制度を定めたオーストラリアの狙いの一つに、地上網が発達していない物流網の拡充にドローンを利用することへの期待があったといわれており、2011年に米国シリコンバレーで創業したMatternet社は、開発途上国など地上物流網が整備されない国での市場をターゲットに物流専用のドローン開発専門企業としてスタートした元祖物流専門ドローンメーカーです。2013年末にアマゾンが物流ドローン開発を発表し、世界的な話題となりましたが、そのビジネスモデルはMatternet社を参考にしたと言われています。

アマゾンのような宅配便から国際間の貨物輸送まで物流ドローンは近い将来の大きな市場と考えられており、ドイツ、フランス、スイス、オランダなどで郵便小包の輸送や医薬品の輸送などの分野で実用化に向けた取り組みが進んでいます。

Matternet社はスイスで使われているほか、バハマ、プエルトリコなどでもすでに物流に使われており、アフリカでもテストを続けています。2016年からアフリカのルワンダでは国土の約半分を覆う物流ドローン空港を44カ所に建設する事業がスタートしますが、使用されるドローンの能力は最大100kgまで搭載し航続距離100kmといわれています。

我が国でも、海上や山岳地帯、過疎地などでの物流事業の検討が始まり、また積載能力の大型化や動力などの開発も大きな技術課題となっています。安倍首相が2015年に「3年以内にドローンによる物流を実現する」といいましたが、地方などから順次実現されていくものと考えられます。

民間航空機の安全基準を定めるICAO（国際民間航空機構）は2021年から無人航空機（RPAS）のルールを導入するとしていますが、そのルールを期待しているのは貨物輸送のリモート操縦であるともされています。

要点BOX

- 各国でドローン法が制定されるのは、物流での利用を視野に入れているため
- 新たな物流網の構築が可能

Matternet社の郵便小包用ドローン

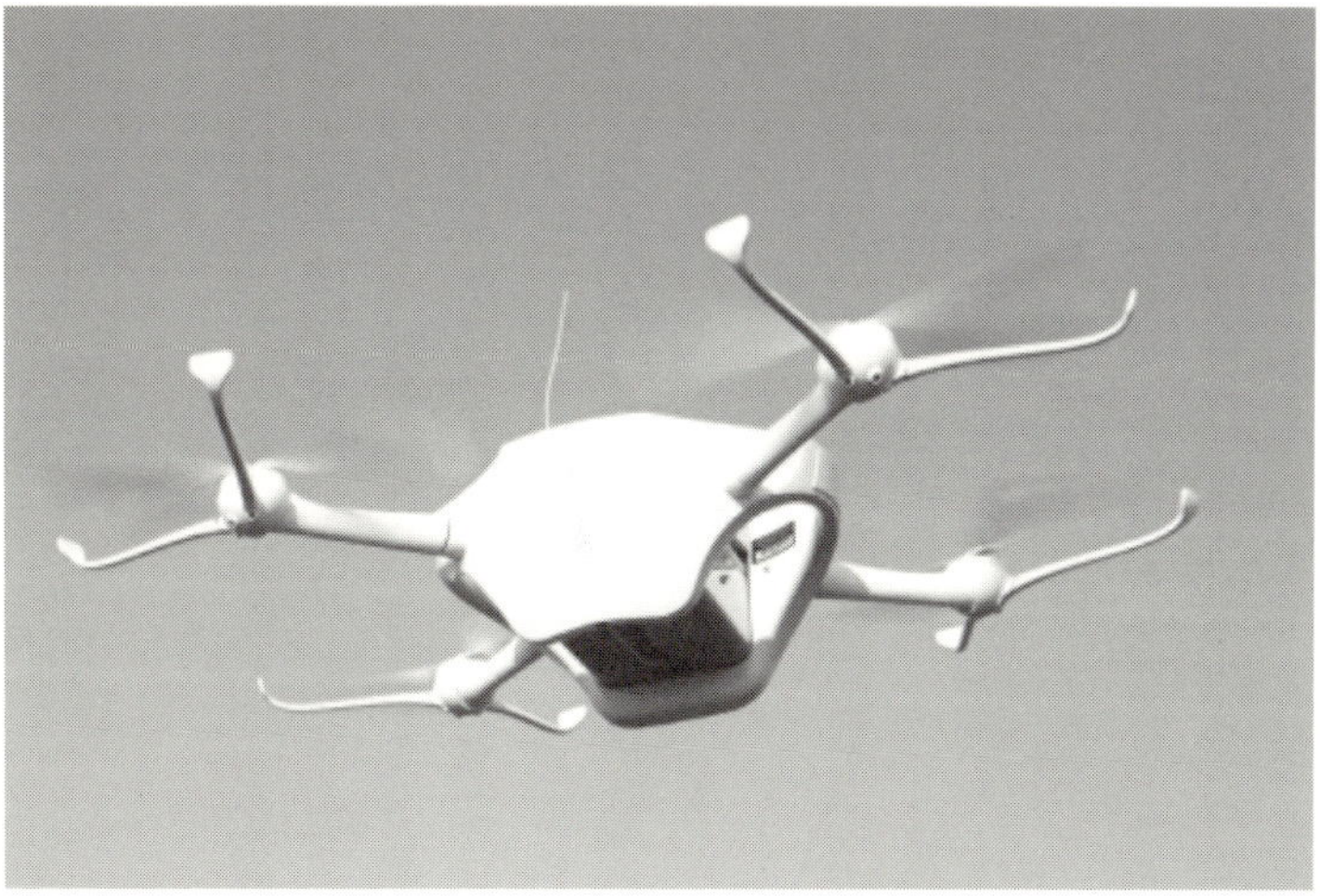

スイス郵政省のドローン宅配専用ポスト　出典:スイスポスト資料

63 中継基地としての利用

電波通信網の一翼を担う

世界には携帯電話の電波を送受信する基地局が設置されておらず携帯電話の利用ができない地域が多く残されています。また、地震や津波などで携帯電話の基地局が破壊されたり、停電で作動できない状況になるなどして携帯電話が使えなくなる状況も経験しています。このような状況を解決するため、ドローンに携帯電話基地局を搭載するアイデアは古くから提唱され、開発が世界で始まっています。

20世紀末ごろから21世紀初頭にかけ、我が国では巨大な飛行船（現在の法制度ではドローン）を成層圏に飛行させ無線基地局とする実証実験が行われたことがありますが、現在では太陽電池を動力とし、連続飛行が可能なドローンの開発競争がグーグルやフェイスブックなどの米国のＩＴ企業が大量の資金を投入して続けられています。アフリカなど地上の携帯電話基地局が整備されない地域で、インターネットや携帯電話を普及させることが目的です。巨大なドローン機体の翼に太陽電池を貼り付け、その電力だけでプロペラを駆動して、決められた空域を飛び続け、搭載した無線基地局と地上の携帯端末などとの通信を行えるようにします。もちろんこのドローンは人工衛星との通信を行い、インターネット網や、携帯電話網との中継を行います。災害時にもこのドローンがあれば携帯電話やインターネットが使えますので、非常事態用としても活用できます。

非常災害時用として、このような大規模のシステムではなく、マルチコプターを使い、携帯基地局が障害になっても、携帯メール通信が可能なシステムを開発した日本の通信会社もあります。携帯電話の電池が生きていさえすれば、上空に飛行しているドローンと、通信ができ、ドローンはメール情報を蓄積して、基地局が正常に作動している上空まで蓄積したメールを運び、正常な基地局を通じて預かったメールを配信するという方法です。

要点BOX
- ●携帯電話の基地局との中継を行うドローンの開発
- ●非常災害時の通信手段を担う

電波通信網の基地局への利用

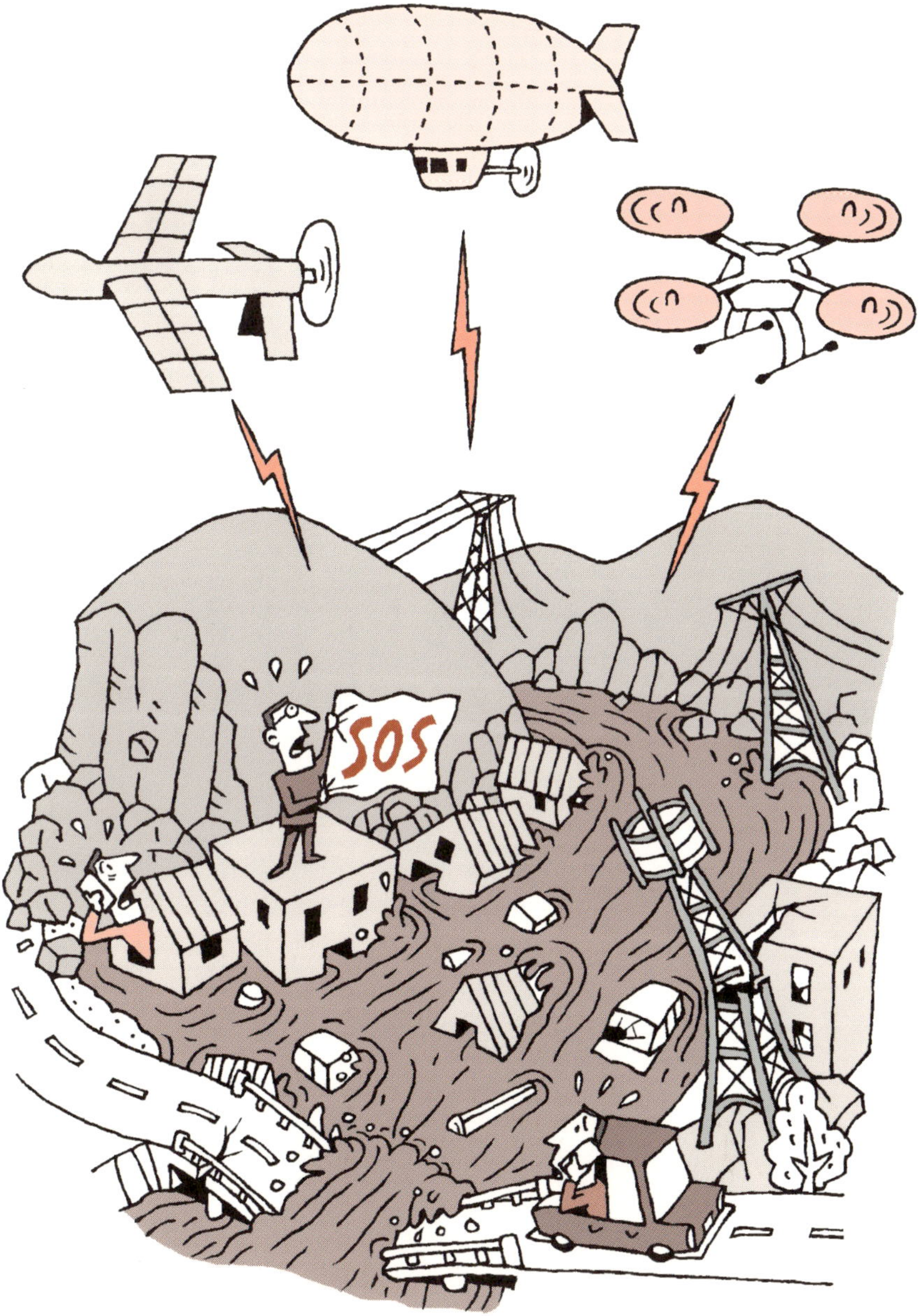

64 点検・警備での利用

人の代わりに安全な作業を実現

高所や危険な場所の、人が近づくのが困難な場所にある建物や設備などの点検にはドローンが活躍を始めています。その例は、トンネルの天井や側壁の劣化、破損などの点検で、カメラやハンマーなどの点検道具を搭載し、人の目と手の延長道具として機能するものです。同様な考えで、橋や送電線、煙突、石油タンクやガスタンクなどの点検に使われるものが開発されています。高圧送電線点検専用ドローンには送電線上に止まり詳細に調べるなど特別な性能を持つものも開発されています。海外では石油パイプラインの点検に、我が国ではソーラー発電所のソーラーパネル点検用が活躍を始めました。鉄道の点検も海外では実用化されコスト削減に貢献しているそうです。

警備用ドローンも警備コストの削減などの効果があり多用されるようになりました。

ソチオリンピック（2014年）では選手村の空からの警備などに活躍しました。我が国でもマラソン大会などの広域警備に活用が始まりました。東京オリンピックでは大きな活躍が期待されています。ターゲットとする車両などを追跡監視するドローンもあります。

攻撃してくるドローンに対処するドローンの開発は世界の大きな関心事です。侵入するドローンを検知するシステムは、ドローン特有の音の検知やレーダーでの検知システムがすでに実用化されていますが、攻撃ドローンは鉄砲などで破壊するのはむしろ危険なため、捕獲して地上に下ろす方法が各種提案されています。例えば網や投網をドローンに持たせて接近し捕獲する方法、鷹を訓練して捕獲する方法などが実験されています。攻撃ドローンに高速で接近し、プロペラを絡めるなどして地上に下ろすシステムの実用化が待たれます。

要点BOX
- ●人にとって危険な作業を、専用の装備でこなす
- ●広域な警備に活用

警備で活躍するドローン

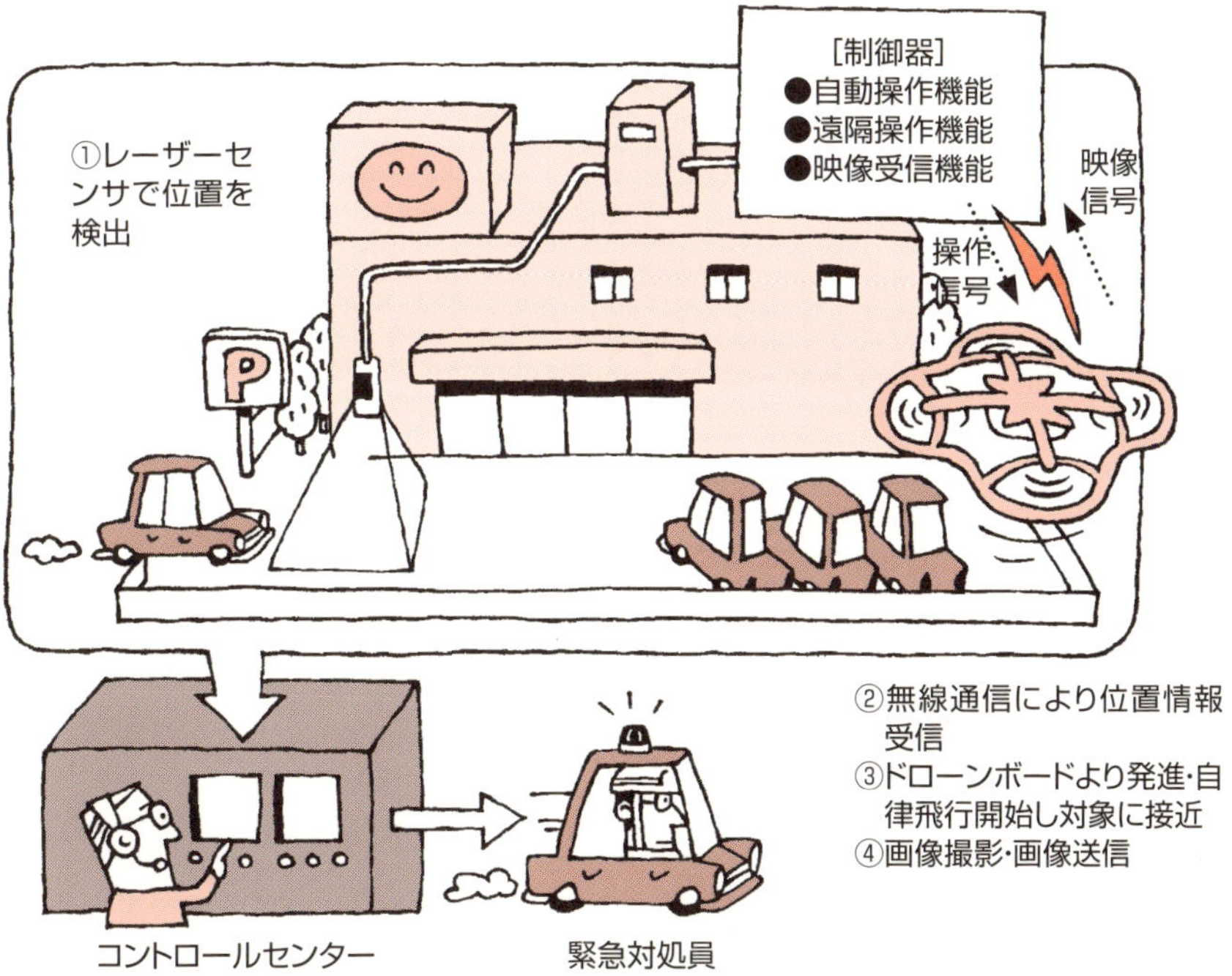

2014年ソチオリンピックの選手村の警備を行うドローン

Column

ドローンによる国際貨物輸送

世界で最初にドローンの法規制を作ったのは2002年オーストラリアでした。まだ、マルチコプターが市場に出ておらず、無人航空機の産業利用に関する世界の関心もまだ薄い時代に法規制を完成させた大きな理由の一つに、地上交通や地上物流のインフラが整備されていない同国では、無人航空機による貨物輸送の実現があったと言われています。カリブ海の諸島や、アフリカ、スイスの山岳地帯などではドローンによる貨物輸送の仕組みづくりや試行サービスが開始されています。

ICAO（国際民間航空機構：世界の民間航空の安全基準を制定する国連傘下の組織）が2021年から無人航空機に関しても基準を導入する計画ですが、これが実現すれば世界の国際航空貨物便は、地上からパイロットが遠隔操縦する時代が早晩実現すると期待されています。このとき、機内には「安全管理者」だけ搭乗しているものと想定されます。

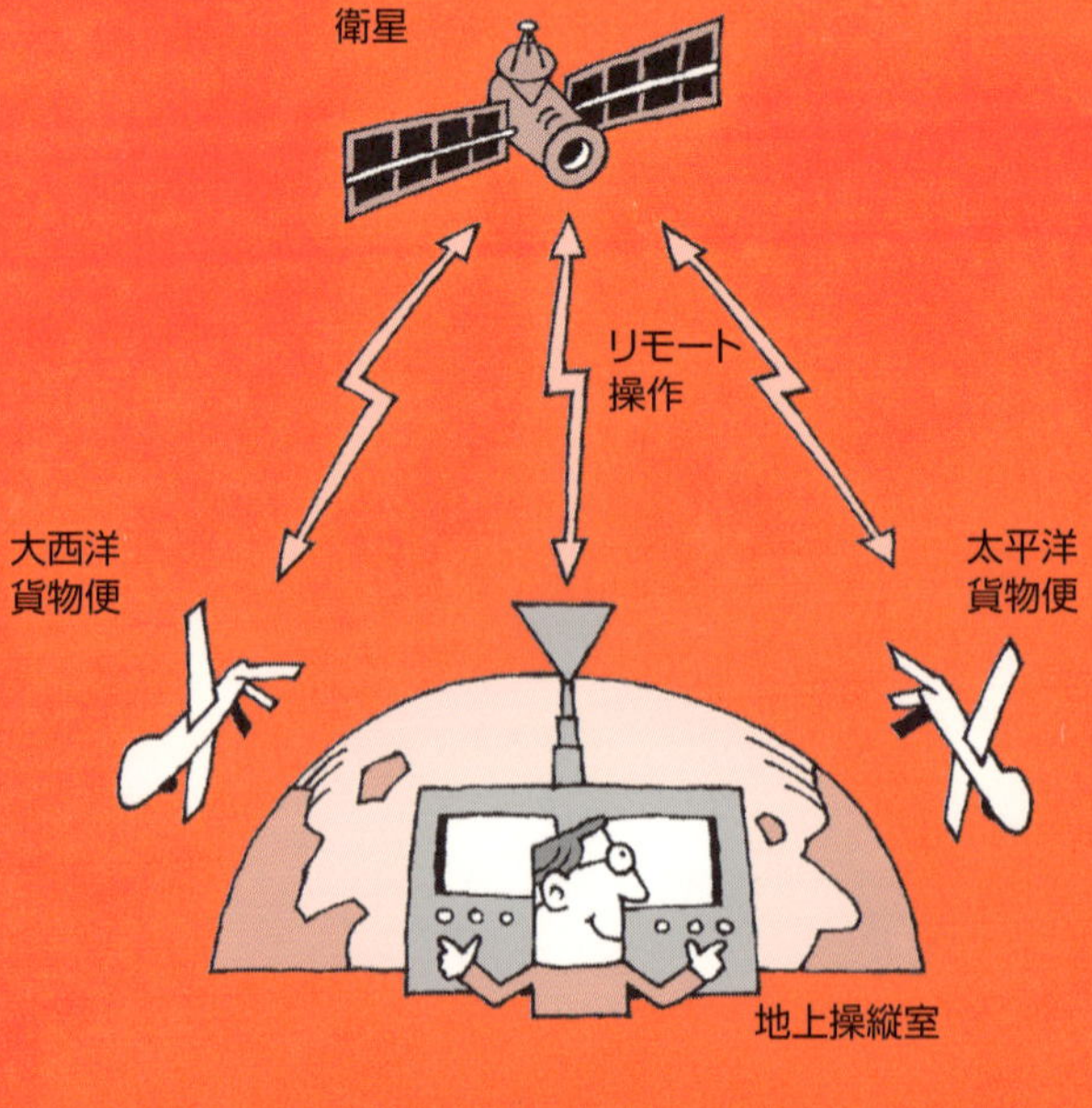

各国のドローンに関連する主な支援組織

以下に、世界の主な無人航空機団体を列挙します。

●UVS International

フランス・パリ。

世界最大の最も歴史のある国際民生用ドローン協議会。

1995年にEURO UVSとしてスタートし2000年に民生用分野だけを対象に非営利組織UVS International に改組。44カ国2800会員。JUIDAと協力覚書締結。

●Unmanned Vehicle Systems International (AUVSI)

米国・バージニア州アーリントン、1972年創設。

民生用、防衛用の両分野を対象とする世界最大の非営利組織。

●Commertial Drone Alliance

米国・ワシントン、シリコンバレーに2016.3.3創設の中立・非営利の民生用ドローン産業支援組織。

●Shenzen UAV Industry Association

2015.10にスタート。

全中国をカバーする中国唯一の組織。JUIDAと協力覚書締結。

●Korea Drone Industry Promotion Association

2015.9にスタート。

韓国のドローン産業支援の官民組織。JUIDAと協力覚書締結。

●Korea Drone Association

2015.9にスタート。

利用促進を進める韓国の民間組織。JUIDAと協力覚書締結。

主なオープンソース、フライトソフト

ドローンの機体の安定や飛行ルートの制御などを行う飛行制御ソフトウェアや撮影、各種センサの制御などを行い、初期の仕事を遂行するアプリケーション制御ソフトウェアは、ドローンの性能を左右する極めて大事なソフトウェアですが、特定メーカーが製造し、その技術内容は非公開としてブラックボックスで販売するクローズドシステムと、世界中の誰でも開発に参加でき、無償で使用でき、その内容が常に公開されているオープンシステムに大きく分けることができます。

クローズドシステムは、DJI社の製品が代表的ですが、2014年10月、コンピュータのOSをオープンシステムにより開発しているLinux Foundationが米国3Dロボティクスやスイス連邦工科大学 チューリッヒ校などのノウハウをベースにオープンシステムによりドローンソフトを開発するDronecodeプロジェクトを発足させました。

このオープンソースコード体系は、飛行制御プログラムおよび、アプリケーション開発用プログラムなどで構成され、ドローンの機体に搭載されるプログラムおよび、地上のコントローラーなどに搭載されるプログラムに大別されます。すでに7数種類以上の機能を実現するソースコードが公開されており、今後さらに高度な機能の開発が提案されています。

3Dロボティクス、インテル、クアルコムをはじめ世界から約50の企業がスポンサーとして参加しています。日本のメーカーもこれに参加しており、また国内には人材養成や普及を目指す組織もスタートしています。

コンピュータの世界では、Linuxや日本のTronなどのOS開発や、メールソフトの開発等が成功例として知られていますが、オープンシステムを成功させるには多くのソフトウェア、ハードウェアの専門家のボランティアベースの参加が必要であり、ドローンの世界ではこの取り組みは始まったばかりといえます。ドローン制御ソフトウェアの潮流がどの方向で固まるかは、今後の進展が注目されます。

詳しくは下記を参考にしてください。

Dronecodeプロジェクト公式サイト
https://www.dronecode.org/

主なドローン用
フライトシミュレータソフト

ソフト名	OS	参照サイト
Phoenix R/C	Windows	TRESREY(代理店)
AeroSIM RC	Windows	AeroSIM RC公式(英語)
リアルフライト RF7.5	Windows	双葉電子工業(製造元)
HELI-X	Windows/Mac/linux	HELI-X 公式(英語)
FPV Freerider	Windows/Mac/linux	FPV Freerider公式(英語)
aerofly RC 7	Windows/Mac	aerofly RC 7公式(英語)
Liftoff	Windows/Mac/linux	STEAM(代理店)(英語)
Formula FPV	Windows	Formula FPV公式(英語)
DRL FPV SIMULATOR	Windows/Mac	DRL FPV SIMULATOR 公式(英語)
HOTPROPS	Windows/Mac	HOTPROPS公式(英語)

Column

GPSの精度

GPS（全世界測位システム）は衛星群を利用した米軍の測位システムです。原理は3点測量であり、衛星から受信位置までの距離を求めて緯度・経度・高度の情報を得ます。そのために、衛星から発射された電波の受信点までの正確な到着時間を測定します。GPS衛星は正確な原子時計を備えていますが、受信機の時計の精度には限界があります。そこで、受信機の時計の誤差も変数にして、最低4つの衛星を利用して精度を上げます。衛星数が多ければ測位が確実になるため、最近ではロシア軍の衛星測位システムGLONASSを併用する場合もあります。

米軍が運用するGPSは、当初は、安全保障上の問題から精度を意図的に落としていました（精度選択機能）。この結果、民間用のサービスの測位誤差は100m程度でした。湾岸戦争のときには、軍用受信機が不足して、民間用サービスが軍用にも利用されたので、一時的に本来の精度が提供されたときもありました。今日、GPSはカーナビをはじめ広く利用されており、2000年に精度選択機能処理は廃止され、10m誤差程度に改善されました。

カーナビには道路情報が備わっており、それとのマッチングによりGPS精度を向上させています。地下駐車場などに止めたあとで、位置が10mほどずれていても、交差点を2、3度回れば正しくなるのはこのためです。空中にはそうした地図情報はないため、GPSの精度を向上させるためには別の仕組みが必要であり、誤差情報を、衛星または地上局から発信する方式が存在します。また、衛星からの距離を利用した単独測位ではなく、複数の受信機と衛星との距離の差（行路差）を利用する相対測位により精度を上げる方式も存在します。いずれも、小型のドローンで簡単に利用できるシステムが求められています。

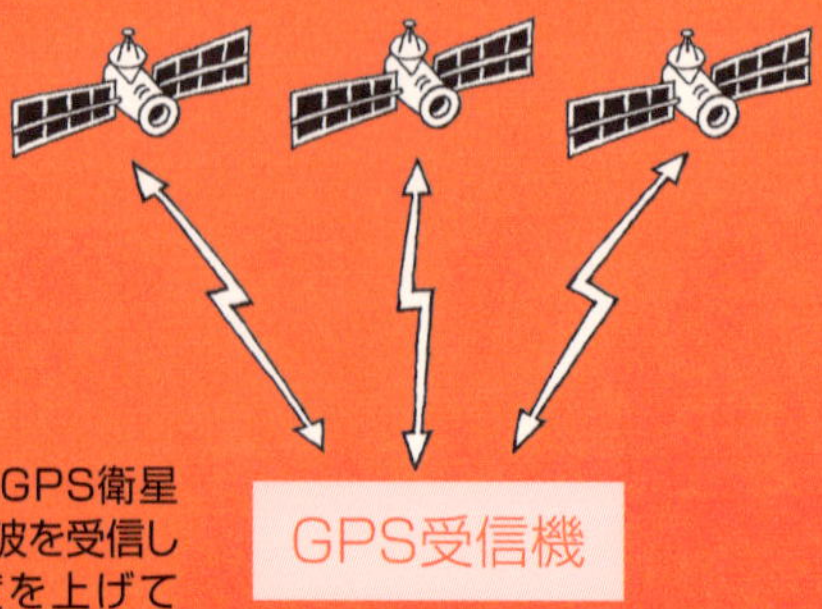

複数のGPS衛星から電波を受信して精度を上げている

【参考文献】

鈴木真二「ライト・フライヤー号の謎―飛行機をつくりあげた技と知恵」技報堂出版（2002年）

岩田拡也「無人航空機の開発史と現状」電気学会、Vol13,5No8,pp562-565(2015)

小林啓倫「ドローン・ビジネスの衝撃」朝日新聞出版

Steven J. Zaloga, Unmanned Aerial Vehicles, 10 Oct 2008, Ospley publishing

「ドローンの撮影機能やカメラ」について　http://recreation.pintoru.com/dro-ne/camera/

国土交通省報道発表資料「航空法施行規則の一部を改正する省令等の制定」について　http://www.mlit.go.jp/report/press/kouku10_hh_000086.html

国土交通省「無人航空機（ドローン、ラジコン機等）の安全な飛行のためのガイドライン」　http://www.mlit.go.jp/koku/koku_tk10_000003.html

一般社団法人農林水産航空協会「産業用無人ヘリコプターによる病害虫防除実施者のための安全対策マニュアル」

総務省「ドローンによる撮影映像等のインターネット上での取扱に係わるガイドライン（案）」　http://www.soumu.go.jp/main_content/000376723.pdf

TT

マ

ヤ

ラ

タ

ナ

ハ

索引

一般社団法人　日本UAS産業振興協議会（JUIDA）

JUIDAは、日本の無人航空機システム（UAS）の、民生分野における積極的な利活用を推進し、UAS関連の新たな産業・市場の創造を行うとともに、UASの健全な発展に寄与することを目的とした中立、非営利法人として、2014年7月に設立されました。

国内外の研究機関、団体、関係企業と広く連携を図り、UASに関する最新情報を提供するとともに、さまざまな民生分野に最適なUASを開発できるような支援を行っています。同時に、UASが安全で、社会的に許容されうる利用を実現するために、操縦技術、機体技術、管理体制、運用ルール等の研究を行うとともに政策提言を行っています。

JUIDAの主要活動を下図に列挙します。

連絡先：東京都千代田区神田錦町 3-16-11 エルヴァージュ神田錦町 4F
TEL：03-5244-5285　（受付／土日祝日除く　9時～17時）
URL：https://uas-japan.org/

JUIDAの主要活動

- 情報提供：ニュースレター／メールマガジンの発行
- 試験飛行場の運営：つくば、けいはんな
- 安全運航ガイドラインの策定と運用
- 飛行支援地図サービス（SORAPASS）の開発・提供
- 操縦者・安全運航管理者養成スクールの認定と証明証の交付
- 各種プロジェクトおよび地方創生事業支援
  農林水産、物流、新技術開発
- 国際展示会・国際セミナーの実施：Japan Drone EXPO
- 海外事情調査:米国、EU、アジア等
- 国際協力、国際連携、国際標準化対策

●監修者略歴

鈴木 真二（すずき しんじ）

1953年岐阜県生まれ。79年東京大学大学院工学系研究科修士課程修了。(株)豊田中央研究所を経て、現在、東京大学大学院工学系研究科航空宇宙工学専攻教授。工学博士。専門は航空工学。日本航空宇宙学会会長（第43期）。国際航空科学連盟（ICAS）理事。著書に、『飛行機物語』(筑摩書房)、『現代航空論』(編集、東京大学出版会)、『落ちない飛行機への挑戦』（化学同人社）。一般社団法人日本UAS産業振興協議会理事長。

●著者略歴

千田 泰弘（せんだ やすひろ）

1940年徳島県生まれ。1964年東京大学工学部電気工学科卒業。同年国際電信電話株式会社（KDD）入社。国際電話交換システム、データ交換システム等の研究開発後、ロンドン事務所長、テレハウスヨーロッパ社長、取締役歴任、1996年株式会社オーネット代表取締役就任。2000年にNASDA(現JAXA)宇宙用部品技術委員会委員、2012年一般社団法人国家ビジョン研究会理事、2013年一般社団法人JAC新鋭の匠理事。一般社団法人日本UAS産業振興協議会副理事長。

岩田 拡也（いわた かくや）

1969年岐阜県生まれ。1998年通商産業省工業技術院電子技術総合研究所入所。第16回電子材料シンポジウムEMS賞受賞、第12回応用物理学会講演奨励賞受賞。独立行政法人産業技術総合研究所知能システム研究部門、無人航空機研究開発開始。2007年日本機械学会交通・物流部門優秀講演表彰受賞。2008年経済産業省製造産業局産業機械課。2009年「NIIGATA SKY PROJECT」。一般社団法人日本UAS産業振興協議会常任理事。

酒井 和也（さかい かずや）

1979年12月神奈川県生まれ。2004年日本大学大学院理工学研究科海洋建築工学専攻修了、2008年有限会社アイコムネット（現ブルーイノベーション株式会社）入社。現在同社UAS事業部ソリューション課課長

柴﨑 誠（しばさき まこと）

1981年1月埼玉県生まれ。2005年日本大学大学院理工学研究科海洋建築工学専攻修了、2011年有限会社アイコムネット（現ブルーイノベーション株式会社）入社。現在同社UAS事業部ソリューション課課長代理。

今日からモノ知りシリーズ
トコトンやさしい
ドローンの本

NDC 538

2016年10月28日　初版1刷発行
2017年 6月 2日　初版3刷発行

ⓒ監修者　鈴木 真二
ⓒ編者　(一社)日本UAS産業振興協議会
発行者　井水 治博
発行所　日刊工業新聞社
東京都中央区日本橋小網町14-1
(郵便番号103-8548)
電話　書籍編集部　03(5644)7490
販売・管理部　03(5644)7410
FAX　03(5644)7400
振替口座　00190-2-186076
URL　http://pub.nikkan.co.jp/
e-mail　info@media.nikkan.co.jp
印刷・製本　新日本印刷(株)

●DESIGN STAFF
AD――――志岐滋行
表紙イラスト――――黒崎　玄
本文イラスト――――榊原唯幸
ブック・デザイン――矢野貴文
(志岐デザイン事務所)

●
落丁・乱丁本はお取り替えいたします。
2016 Printed in Japan
ISBN　978-4-526-07620-6　C3034

●定価はカバーに表示してあります